Springer Fachmedien Wiesbaden GmbH

Mathematische Bibliothek

Gemeinverständliche Darstellungen aus der Elementar-Mathematik für Schule und Leben. Unter Mitwirkung von Fachgenossen herausgegeben von

Dr. W. Lietzmann und Dr. A. Witting

Oberlehrer an der Oberrealschule zu Barmen   Prof. am Gymnasium zum Heiligen Kreuz zu Dresden

In Kleinoktavbändchen kartoniert je M. —.80

Die Sammlung, die in einzeln käuflichen Bändchen in zwangloser Folge herausgegeben wird, bezweckt, allen denen, die Interesse an der Mathematik im weitesten Sinne des Wortes haben, es in angenehmer Form zu ermöglichen, sich über das gemeinhin in den Schulen Gebotene hinaus zu belehren und zu unterrichten. Die Bändchen geben also teils eine Vertiefung und eingehendere Bearbeitung solcher elementarer Probleme, die allgemeinere kulturelle Bedeutung oder besonderes mathematisches Gewicht haben, teils sollen sie Dinge behandeln, die den Leser — ohne zu große Anforderungen an seine mathematischen Kenntnisse zu stellen — in neue Gebiete der Mathematik einführen.

Bisher sind erschienen:

1. E. Löffler, Ziffern und Ziffernsysteme bei den Kulturvölkern in alter und neuer Zeit. 1912.
2. H. Wieleitner, der Begriff der Zahl in seiner logischen und historischen Entwicklung. Mit 10 Figuren. 1911.
3. W. Lietzmann, der pythagoreische Lehrsatz mit einem Ausblick auf das Fermatsche Problem. Mit 44 Figuren. 1912.
4. O. Meißner, Wahrscheinlichkeitsrechnung nebst Anwendungen. Mit 6 Figuren. 1912.
5. H. E. Timerding, die Fallgesetze. Mit 20 Figuren. 1912.
6. M. Zacharias, Einführung in die projektive Geometrie. Mit 18 Figuren. 1912.
7. H. Wieleitner, die 7 Rechnungsarten mit allgem. Zahlen. 1912.
8. P. Meth, Theorie der Planetenbewegung. Mit 17 Figuren. 1912.
9. A. Witting, Einführ. in die Infinitesimalrechnung. Mit 40 Fig. 1912.
10. W. Lietzmann u. V. Trier, wo steckt der Fehler? Mit 24 Fig. 1913.
11. P. Zühlke, Konstruktionen in begrenzter Ebene. Mit 65 Fig. 1913.
12. E. Beutel, die Quadratur des Kreises. Mit 15 Figuren. 1913.

Weiter sind zunächst in Aussicht genommen:

M. Gebhardt, zur Geschichte der quadratischen Gleichungen.
W. Lietzmann, der Eulersche Polyedersatz.
R. Rothe, die zeichnerische Behandlung der Geländeflächen.
A. Schreiber, Ortsbestimmung auf dem Lande, zur See und in der Luft.
H. Wieleitner, Elemente der Mengenlehre.
—— höh. Kurven in einfacher Darstellung.

M. Winkelmann, der Kreisel.
A. Witting, Funktionsbegriff u. graphische Darstellung.
—— abgekürztes Rechnen.
—— Verschiebung, Drehung, Spiegelung, Verschraubung.
—— Drehmoment und Trägheitsmoment.
—— und M. Gebhardt, Beispiele zur Geschichte der Mathematik.
P. Zühlke, stereometrische Konstruktionen.

MATHEMATISCHE BIBLIOTHEK
HERAUSGEGEBEN VON **W. LIETZMANN** UND **A. WITTING**
===== 13 =====

GEHEIMNISSE DER RECHENKÜNSTLER

VON

Dr. PHILIPP MAENNCHEN
PROFESSOR AM LEHRERSEMINAR IN ALZEY

SPRINGER FACHMEDIEN WIESBADEN GMBH

1913

ISBN 978-3-663-15416-7   ISBN 978-3-663-15987-2 (eBook)
DOI 10.1007/978-3-663-15987-2

COPYRIGHT 1913 BY SPRINGER FACHMEDIEN WIESBADEN

URSPRÜNGLICH ERSCHIENEN BEI B.G. TEUBNER IN LEIPZIG 1913.

ALLE RECHTE,
EINSCHLIESSLICH DES ÜBERSETZUNGSRECHTS, VORBEHALTEN.

VORWORT

Die vorliegende Arbeit setzt wenig an mathematischen Kenntnissen voraus: Potenzieren und Wurzelausziehen, Rechnen mit Logarithmen und einiges vom binomischen Lehrsatz. Noch besser ist es natürlich, wenn der Leser auch einigermaßen mit der Neuner- und Elferprobe vertraut ist, und vielleicht trägt mein Büchlein ein wenig dazu bei, daß diese Proben etwas häufiger angewandt werden. Sie verdienen es in der Tat.

Der Zweck der Arbeit ist, Methoden aufzudecken, welche die „Rechenkünstler" anwenden, um im Kopf höhere Wurzeln auszuziehen und Osterdaten anzugeben. Zwar kündigen die Rechenkünstler vielfach an, daß sie im Laufe ihres Vortrags die angewandten Methoden erläutern wollen, allein das bezieht sich gewöhnlich auf andere Kunststücke; und wenn sie auch hie und da zwölf- bis vierzehnjährige Jungen abrichten, daß sie Kubikwurzeln im Kopf ausziehen, so lassen sie sich bei dieser Gelegenheit doch keines ihrer eigentlichen Geheimnisse entlocken und stehen auf dem Standpunkt des Mephistopheles:

> Das Beste, was du wissen kannst,
> Darfst du den Buben doch nicht sagen.

Den vierbeinigen Rechenkünstlern, die neuerdings „auftreten", wird ein besonderer Abschnitt gewidmet. In einem Anhang werden die mathematischen Grundlagen der „Geheimnisse" eingehender erörtert, insbesondere der kleine Fermatsche Satz, und ich habe mich bemüht, die hohe Bedeutung dieses wichtigen Theorems möglichst scharf hervortreten zu lassen.

Alzey, August 1913.

Ph. Maennchen.

INHALTSVERZEICHNIS

Seite

I. Abschnitt.	Die 3. Wurzel aus 4- bis 12 stelligen Zahlen	1
II. Abschnitt.	Die 7. Wurzel aus 8- bis 28 stelligen Zahlen	5
III. Abschnitt.	Die 5. Wurzel aus 6- bis 20 stelligen Zahlen	10
IV. Abschnitt.	Andere Wurzeln	13
V. Abschnitt.	Besondere Schwierigkeiten für den Rechenkünstler	15
VI. Abschnitt.	Besondere Eigenschaften der Potenzen . .	18
VII. Abschnitt.	Rückblick	21
VIII. Abschnitt.	Bestimmung des Osterdatums	23
IX. Abschnitt.	Berechnung der Mondphase für ein gegebenes Datum	28
X. Abschnitt.	Die „denkenden" Rosse von Elberfeld . .	29
XI. Abschnitt.	Das Ferrolsche Rechenverfahren	33

ANHANG

I. Die Neuner- und Elferprobe 40
II. Der kleine Fermatsche Satz 44
   Schlußbetrachtung 48

NAMENREGISTER

Bachet 38
Buttel-Reepen, von 31
Cauchy 38, 45
Dahse 48
Dexler 30
Euler 48
Fermat 8, 43, 44, 45, 46, 47
Ferrol 31, 32, 33 bis 39, 48
Fleury 31
Fuller 31

Gauß 5, 26
Gordan 48
Jancke 33, 39
Inaudi 31
Katz 47, 48
Krall 29
Lamé 45
Legendre 43, 45
Lietzmann 33, 38, 41, 47
Long 39
Mantille 31
Mondeux 31

Müller, Gg. Elias 48
Osten, von 29
Pfungst 29
Plate 30
Pythagoras 46
Quinton 20
Riese 40, 41
Rückle 20, 48
Sarasin 30
Schopenhauer 31
Schubert 26
Whately 32
Wundt 30.

ERSTER ABSCHNITT
DIE 3. WURZEL AUS 4- BIS 12 STELLIGEN ZAHLEN

Um auch denen, die noch keinen „Rechenkünstler" in Tätigkeit gesehen haben, einen Einblick zu gewähren, will ich immer die Aufgaben so stellen und behandeln, wie dies bei dem öffentlichen Auftreten eines solchen Künstlers sich abspielt: Einer aus dem Publikum, P., kündigt eine Aufgabe von bestimmter Art an, der Rechenkünstler, R., sagt, auf welche Angaben er sich beschränken will, P. macht diese Angaben, und nach einer gewöhnlich ziemlich kurzen Pause verkündigt R. das Resultat.

Dann folgt von meiner Seite die Erklärung, die der Rechenkünstler, abgesehen von einigen ganz harmlosen und längst bekannten Fällen, immer schuldig bleibt.

1. Aufgabe

P.: Die 3. Wurzel aus einer 5 stelligen Zahl!
R.: Bitte, diktieren Sie mir die Ziffern von rechts nach links!
P.: .. 683.
R.: Halt, das genügt mir! — Die Zahl heißt 27.

Die 3. Wurzel aus einer 5 stelligen Zahl muß zweistellig sein. Da die 3. Potenz auf 3 endigt, muß die Grundzahl auf 7 endigen. Sie heißt also $10x + 7$. Die 3. Potenz von $10x + 7$ ist $1000x^3 + 3 \cdot 100x^2 \cdot 7 + 3 \cdot 10 \cdot x \cdot 7^2 + 7^3$.

$7^3 = 343$ liefert 3 Einer und 4 Zehner. Die übrigen 4 Zehner liefert $3 \cdot 10 \cdot x \cdot 7^2$. Das sind $3 \cdot 7^2 \cdot x$ oder $147x$ Zehner, von denen nur die $7x$ in Betracht kommen, da die übrigen nur Hunderter und Tausender liefern. $7x$ muß also auf 4 endigen, daher ist $x = 2$, und die Zahl heißt 27.

Nun bedenke man, daß der professionelle Rechenkünstler eine ungewöhnliche Übung besitzt. Durch sein Gehirn geht blitzartig etwa die folgende Gedankenreihe:

7 Einer; $7^3 = 343$; $8 - 4 = 4$; $3 \cdot 3^2$ endigt auf 7; $7 \cdot 2$ endigt auf 4; 2 Zehner.

Ich sehe, daß einigen meiner Leser noch Fragen auf den Lippen schweben. So will der eine wissen, warum der Mann nicht gleich sagt: „Geben Sie mir die zwei letzten Stellen rechts!" Das ist eine Vorsichtsmaßregel, die sich in seiner Praxis jedenfalls schon oft bewährt hat; denn wir werden noch sehen, daß die zwei letzten Stellen nicht immer genügen. Sind sie so beschaffen, daß sie genügen, dann ruft er: „Halt!" Wenn nicht, dann läßt er sich den ganzen Radikanden diktieren.

Ein anderer Leser möchte wissen, warum sich der Mann 3 Stellen angeben läßt, während doch 2 genügen. Das ist auch eine Vorsichtsmaßregel; sie soll verhüten, daß man zu leicht hinter den Trick kommt.

Wir wollen noch eine Aufgabe dieser Art behandeln.

2. Aufgabe

P.: Die 3. Wurzel aus einer 5 stelligen Zahl.
R.: Wollen Sie wieder von rechts nach links diktieren!
P.: ... 336.
R.: Halt! — Die 3. Wurzel heißt 46.

Verfahren: 6 Einer; $6^3 = 216$; $3 - 1 = 2$; $3 \cdot 6^2$ endigt auf 8; $8 \cdot 4$ und $8 \cdot 9$ endigen auf 2. Die 3. Wurzel heißt also entweder 46 oder 96.

Da aber 96^3 eine 6 stellige Zahl ist, so kann nur 46 die gesuchte Lösung sein.

Wer sich nun noch weitere derartige Beispiele bildet, wird finden: Endigt die Zahl auf 1, 3, 7, 9, so sind die Zehner eindeutig bestimmt, endigt sie auf 2, 4, 6 oder 8, so gibt es 2 Lösungen, von denen fast immer eine nicht zur vorgeschriebenen Stellenzahl paßt.

3. Aufgabe

P.: Die 3. Wurzel aus einer 8 stelligen Zahl.
R.: Bitte, diktieren!
P.: 45 118 016.
R.: 356.

Die gesuchte Zahl hat, wie man leicht einsieht, 3 Hunderter und 6 Einer. Die Schwierigkeit besteht jetzt darin, die Zehner mit Sicherheit zu bestimmen. Man könnte zwar die

Wie R. den Elferrest benutzt 3

in den beiden vorausgehenden Aufgaben angewandte Methode versuchen, jedoch liefert diese, wie uns Aufgabe 2 erkennen ließ, gewöhnlich 2 Lösungen, und wir haben hier in der Stellenzahl kein Mittel, um eine der beiden Lösungen als unbrauchbar zu erkennen. Zur eindeutigen Bestimmung der Zehner dient uns hier der Elferrest.

Ich darf vielleicht daran erinnern, daß man den Elferrest einer Zahl findet, indem man die Summe der geraden Stellen von der Summe der ungeraden Stellen subtrahiert. Ich will ferner meine Leser daran erinnern, daß der Elferrest eines Produkts gleich ist dem Elferrest des Produkts der Elferreste der Faktoren. Denn wenn der eine Faktor den Elferrest p hat, so hat er die allgemeine Form $11a + p$, und hat der andere den Elferrest q, so ist seine allgemeine Form $11b + q$. Das Produkt der beiden ist nun

$$121ab + 11aq + 11bq + pq.$$

Die 3 ersten Glieder haben den Elferrest 0, also ist der Elferrest des Produkts gleich dem Elferrest von pq, was zu beweisen war. Ich bemerke, daß die Beweisführung gerade so verläuft, wenn ich statt des Elferrestes einen anderen Rest, z. B. den Neunerrest einsetze.[1])

Nun ist auch der Elferrest irgendeiner Potenz gleich dem Elferrest der betreffenden Potenz des Elferrestes der Basis. Davon machen wir Gebrauch und stellen eine Tabelle her, die in der 1. Zeile die Elferreste von 0 bis 10 enthält, in der 2. und 3. Zeile die zugehörigen Elferreste der 2. und 3. Potenz. So erhalten wir:

	Elferreste										
1. Potenz ..	0	1	2	3	4	5	6	7	8	9	10
2. „ ..	0	1	4	9	5	3	3	5	9	4	10
3. „ ..	0	1	8	5	9	4	7	2	6	3	10

Da in unserer Aufgabe der Elferrest des Radikanden gleich 9 ist, so muß, wie die obenstehende Tabelle zeigt, der Elferrest der Grundzahl gleich 4 sein. Nun ist eine 3 stellige Zahl

---

[1]) Beispiele zur Neuner- und Elferprobe werden im Anhang behandelt.

mit 3 Hundertern und 6 Einern zu bestimmen, die den Elferrest 4 hat. Die Summe der ungeraden Stellen ist 9, daher muß die gerade Stelle 5 heißen, damit die Differenz 4 entsteht. Also heißt die gesuchte Zahl 356.

Auch hier spielt sich wieder der ganze Vorgang mit verblüffender Geschwindigkeit ab. Da der „Rechenkünstler" gewöhnlich auch zugleich als „Gedächtniskünstler" reist, so macht ihm die obige Tabelle wenig Beschwerden; er kann sie sich leicht, wenn nötig, auch durch mnemotechnische Kunststücke einprägen. Wir lernen aber bei einer der nächsten Aufgaben ein Verfahren, um solche Tabellen überhaupt entbehren zu können.

4. Aufgabe

P.: Die 3. Wurzel aus einer 7 stelligen Zahl.
R.: Bitte, von rechts nach links zu diktieren!
P.: .... 313.
R.: Halt, das genügt! — Die Zahl heißt 217.

Wir verfahren wie bei Aufgabe 1, nur etwas ausführlicher, indem wir auch noch die Hunderter berücksichtigen:

$7^3 = 343$; ..313 — 343 = ..970; $3 \cdot 7^2 \cdot 1$ endigt auf 7, also hat die gesuchte Zahl 1 Zehner; $3 \cdot 7^2 \cdot 1 = 147$, wovon nur die 47 Zehner für uns in Betracht kommen.

$$97 - 47 = 50,$$

also bleiben noch 5 Hunderter. Diese werden geliefert von $3 \cdot 7 \cdot 1^2$ und von $3 \cdot 7^2 \cdot y$, wo y die Anzahl der Hunderter des Resultats bedeutet. $3 \cdot 7 \cdot 1^2$ gibt 21 Hunderter. Den einen Hunderter zähle ich von den obigen 5 Hundertern ab und behalte noch 4 Hunderter. $3 \cdot 7^2 \cdot y$, oder einfacher $27y$, oder noch einfacher $7y$ muß auf 4 endigen, mithin ist $y = 2$, und die gesuchte Kubikwurzel heißt 217.

Das hier skizzierte Verfahren wird seltener ausgeführt und ist überhaupt nur dann anwendbar, wenn eine ungerade Anzahl von Einern gegeben ist.

5. Aufgabe

P.: Die 3. Wurzel aus einer 10 stelligen Zahl.
R.: Bitte, diktieren!
P.: 3532642667.
R.: 1523.

Der Radikand wird 4stellig

An der ersten Stelle links erkennt man, daß die gesuchte Zahl 1 Tausender hat; an den Einern erkennt man, daß sich 3 Einer ergeben. Dann folgt eine Rechnung, wie bei Aufgabe 1, um die Zehner zu bestimmen: $3^3 = 27$; $6 - 2 = 4$; $3 \cdot 3^2 \cdot 2$ endigt auf 4. Also hat die gesuchte Zahl 2 Zehner. Die jetzt noch fehlenden Hunderter bestimmt man mit Hilfe des Elferrestes. Der Elferrest des Radikanden ist 4, also muß der Elferrest der Grundzahl nach der Tabelle auf S. 3 gleich 5 sein. Die Summe der geraden Stellen ist 3, also muß die der ungeraden gleich 8 sein. Da die eine davon 3 heißt, so muß die andere 5 heißen, demnach ergibt sich 1523.

Wäre die letzte Stelle rechts eine gerade Zahl gewesen, so hätten sich für die 2. Stelle zwei Möglichkeiten ergeben. Wie sich der Rechenkünstler in diesem Falle hilft, das werden wir an einer späteren Stelle erfahren.

ZWEITER ABSCHNITT
DIE 7. WURZEL AUS 8- BIS 28 STELLIGEN ZAHLEN
6. Aufgabe

P.: Die 7. Wurzel aus einer 12 stelligen Zahl.
R.: Bitte, von rechts nach links diktieren!
P.: ... 7.
R.: Sie können die Ziffern in beliebiger Reihenfolge aufsagen!
P.: 887621111107 (die Zahl heißt, wie ich meinen Lesern zur Kontrolle verraten will, 271818611107).
R.: 43.

„Wie Sie sehen, ziehe ich auch Wurzeln aus, wenn die Ziffern in beliebiger Reihenfolge gegeben sind. Schon Gauß bediente sich dieses Verfahrens!"

Diesen Zusatz machte einst ein Rechenkünstler bei einer seiner Vorführungen, und in den Kritiken, die er mitbrachte, fand sich nicht selten die Ansicht vertreten, als ob der Rechenkünstler bei allen Aufgaben auf die Reihenfolge der Ziffern verzichten könne. Daß dies nicht der Fall ist, werden wir bald sehen. Der Hinweis auf Gauß, wofür er den Beweis wohl schwerlich erbringen kann, diente nur dazu, die ganze

6 Die Ziffernfolge ist beliebig

Sache noch mysteriöser zu gestalten. Die Lösung des Rätsels ist äußerst einfach:

Die Zahl hat 3 Einer. Denn die 1. Potenz endigt mit derselben Ziffer, wie die 5., 9., 13., 17., ... $(4n+1)^{te}$ Potenz, die 3. ebenso wie die 7., 11., 15., 19., ... $(4n+3)^{te}$ Potenz.[1])
Der Neunerrest, der bekanntlich aus der Quersumme bestimmt wird, wobei die Reihenfolge der Ziffern keine Rolle spielt, ist 7, folglich hat die gesuchte Zahl auch den Neunerrest 7, demnach muß sie 4 Zehner haben.

Der Satz, der dabei benutzt wird, lautet:

Der Neunerrest der 7. Potenz ist mit zwei Ausnahmen gleich dem Neunerrest der Grundzahl. Zum Beweis stellen wir eine Tabelle auf.

	Neunerreste								
1. Potenz ...	0	1	2	3	4	5	6	7	8
2. „ ...	0	1	4	0	7	7	0	4	1
3. „ ...	0	1	8	0	1	8	0	1	8
4. „ ...	0	1	7	0	4	4	0	7	1
5. „ ...	0	1	5	0	7	2	0	4	8
6. „ ...	0	1	1	0	1	1	0	1	1
7. „ ...	0	1	2	0	4	5	0	7	8

In der 1. Zeile stehen die Neunerreste von 0 bis 8, in den folgenden Zeilen die der 2., 3., 4., ... bis 7. Potenz. Man sieht, daß in der Tat, mit Ausnahme der Neunerreste 3 und 6, der Satz gültig ist, und so erkennt man die einfache Grundlage des Kunststücks, das auf den ersten Blick so sehr überrascht. Die Ausnahmen 3 und 6 will ich später im Zusammenhang mit anderen Schwierigkeiten behandeln. — Bei dieser Aufgabe hätte sich die Sache auch in folgender Weise abspielen können:

P.: Die 7. Wurzel aus einer 12stelligen Zahl.
R.: Bitte, von rechts nach links diktieren!
P.: ... 07.
R.: Halt, das genügt. — Die Zahl heißt 43.

Die gesuchte Zahl hat 3 Einer. 3^7 endigt auf 87, hat also

---

1) Der Beweis findet sich im Anhang.

R. erschwert sich angeblich die Aufgabe

8 Zehner; die übrigen 2 Zehner liefert $7 \cdot 3^6 \cdot x$, also
$$7 \cdot 9x = 63x;$$
davon kommen nur die $3x$ in Betracht. $3x$ muß auf 2 endigen, $x = 4$; die Zahl heißt 43.

Wir haben dabei den binomischen Satz für $n = 7$ verwendet:
$$(3 + 10x)^7 = 3^7 + 7 \cdot 3^6 \cdot 10x + 21 \cdot 3^5 \cdot 100 x^2 + \ldots,$$
wobei nur die beiden ersten Glieder der rechten Seite in Betracht kommen.

Noch eine dritte Methode möge auf dieselbe Aufgabe angewandt werden. Die Sache wird sich etwa so abspielen:
P.: Die 7. Wurzel aus einer 12 stelligen Zahl.
R.: Bitte, diktieren!
P.: 271 818 611 107.
R.: Ich erhebe häufig eine gegebene Zahl zunächst in eine höhere Potenz und ziehe dann die entsprechend höhere Wurzel aus. So werde ich hier die vorliegende Zahl in die 3. Potenz erheben und dann die 21. Wurzel ausziehen.

Nach einer etwas längeren Pause als sonst, wobei durch Augenrollen oder sonstiges Geberdenspiel die Ausführung der angekündigten Operationen markiert wird, erfolgt dann die Angabe des Resultats. Darob natürlich großes Erstaunen bei einem Teil des Publikums und ungläubiges Lächeln bei denen, die etwas kritischer veranlagt sind und nicht glauben wollen, daß man etwa eine Schafherde rascher zählt, indem man die Anzahl der Beine durch 4 dividiert.

Und doch war ein Körnchen Wahrheit in der kühnen Behauptung enthalten. Er erhebt zwar nicht die vorgelegte Zahl in die 3. Potenz, sondern ihren Elferrest; dann erhält er den Elferrest der 21. Potenz, und dieser stimmt, wie wir gleich nachher beweisen wollen, mit dem Elferrest der Grundzahl überein. Die Rechnung gestaltet sich, wie folgt:

Die gesuchte Zahl endigt auf 3. Der Elferrest des Radikanden, also der 7. Potenz der gesuchten Zahl, ist 10, 10^3 hat den Elferrest 10, also hat die gesuchte Zahl auch den Elferrest 10, heißt daher 43.

Fertigen wir eine Tabelle der Elferreste an, indem wir die Tabelle auf S. 3 fortsetzen, so ergibt sich:

Elferreste der 11. Potenzen

	Elferreste										
1. Potenz....	0	1	2	3	4	5	6	7	8	9	10
2. „	0	1	4	9	5	3	3	5	9	4	1
3. „	0	1	8	5	9	4	7	2	6	3	10
4. „	0	1	5	4	3	9	9	3	4	5	1
5. „	0	1	10	1	1	1	10	10	10	1	10
6. „	0	1	9	3	4	5	5	4	3	9	1
7. „	0	1	7	9	5	3	8	6	2	4	10
8. „	0	1	3	5	9	4	4	9	5	3	1
9. „	0	1	6	4	3	9	2	8	7	5	10
10. „	0	1	1	1	1	1	1	1	1	1	1
11. „	0	1	2	3	4	5	6	7	8	9	10

Man erkennt hier zunächst die Gültigkeit der folgenden Regel: Der Elferrest der 11. Potenz ist gleich dem Elferrest der Grundzahl.

Dieser Satz gilt ausnahmslos, wie man sieht; und wer schon mit der niederen Zahlentheorie vertraut ist, der weiß auch den tieferen Grund für das Bestehen dieser Eigenschaft: es ist dies der sogenannte kleine Fermatsche Satz, angewandt auf die Primzahl 11.[1])

Weiterhin erkennt man aber auch, daß der Elferrest der 12. Potenz mit dem der 2., der der 13. mit dem der 3. übereinstimmen muß usw., mithin der der 21. mit dem der 11., also auch mit dem der 1. Damit ist aber unsere Behauptung und daher auch die Berechtigung der oben angewandten Methode bewiesen.

Jetzt wird der Leser auch verstehen, warum man die Tabelle auf S. 3 entbehren kann. Man erhebt den Elferrest der gegebenen 3. Potenz in die 7. Potenz und erhält so den Elferrest der 21. Potenz und somit den der gesuchten Zahl. Bei einiger Übung ist dies rasch ausführbar.

7. Aufgabe

P.: Die 7. Wurzel aus einer 18 stelligen Zahl.
R.: Bitte, diktieren!

---

1) Über den kleinen Fermatschen Satz findet der Leser ein besonderes Kapitel im Anhang.

P.: 321 673 167 473 963 573.
R.: 317.

Ich will zunächst ein Verfahren angeben, das zwar von den professionellen Rechenkünstlern kaum angewandt wird, das aber unstreitig vom mathematischen Standpunkt aus das interessantere ist.

Die gesuchte Zahl hat 7 Einer. Der Neunerrest des Radikanden ist 2, also hat auch die gesuchte Zahl, die, wie man leicht erkennt, 3stellig sein muß, diesen Neunerrest 2. Der Elferrest des Radikanden ist 4, also ist der Elferrest der 3. Potenz des Radikanden, und somit der Elferrest der 21. Potenz der gesuchten Zahl gleich dem Elferrest von 4^3, demnach gleich 9. Daraus folgt nach unseren Ausführungen auf S. 7, daß die gesuchte Zahl den Elferrest 9 hat. Es ist also eine Zahl gesucht, die den Neunerrest 2 und den Elferrest 9 hat. Die kleinste Zahl, die diese Eigenschaft besitzt, ist 20; dann folgen $20 + 99$, $20 + 2 \cdot 99$ usw. Da die Zahl außerdem auf 7 endigen soll, so muß das Vielfache von 99 auf 7 endigen; und diese Eigenschaft hat nur das Dreifache, 297; also heißt die gesuchte Zahl $20 + 297 = 317$.

Ich möchte bei dieser Gelegenheit die Verfasser von Aufgabensammlungen darauf aufmerksam machen, daß sie vielleicht in dem Abschnitt über Diophantische Aufgaben einige der üblichen Verlegenheitsaufgaben streichen und solche Beispiele, wie das eben behandelte, einsetzen möchten. Ich glaube, daß das Interesse der Schüler an den Diophantischen Aufgaben hierdurch wesentlich wachsen würde.

Der Rechenkünstler schlägt einen der jetzt zu beschreibenden zwei Wege ein:

a) Die gesuchte Zahl hat 7 Einer. 7^7 endigt auf 43 (7, 49, 43, 01, 07, 49, 43); $7 - 4 = 3$. Diese 3 Zehner liefert $7 \cdot 7^6 \cdot x$, also $43x$, wovon nur $3x$ in Betracht kommen. $3x$ soll auf 3 endigen, also ist $x = 1$. Die Zahl hat demnach 7 Einer, 1 Zehner und den Neunerrest 2, also muß sie 3 Hunderter haben. — Sollte der Neunerrest des Radikanden gleich Null sein, so operiert man mit dem Elferrest.

b) Die gesuchte Zahl hat 7 Einer. Der 18stellige Radikand hat in der 1. Stelle links eine 3; also ist der Logarithmus des Radikanden größer als $17{,}477\ldots$; denn $\log 3 = 0{,}477\ldots$ Der Logarithmus der gesuchten Zahl ist also größer als

10   Anwendung der Logarithmen

2,496..., liegt daher zwischen 2,477 und 2,602, demnach die gesuchte Zahl zwischen 300 und 400. Die gesuchte Zahl beginnt daher mit 3, endigt auf 7, hat den Neunerrest 2 und heißt demnach 317.

Dieses Verfahren b) ist nach meiner Überzeugung das von den Rechenkünstlern am meisten geübte. Obgleich sich manche feierlich dagegen verwahren, daß sie die Logarithmen auswendig wüßten, darf man als sicher annehmen, daß sie die Logarithmen aller 2stelligen Zahlen mindestens auf 3 Dezimalstellen im Gedächtnis haben. Das ist übrigens bei der Fertigkeit dieser „Rechen- und Gedächtniskünstler" in der mnemotechnischen Einprägung durchaus nichts Ungewöhnliches. Bei unserer Aufgabe, ja sogar bei den meisten, die in der Praxis des Rechenkünstlers auftreten, genügt es übrigens, die Logarithmen der Zahlen von 1 bis 10 auswendig zu können, und dies ist etwas, was auch der gewöhnliche Sterbliche ohne jede Gedächtniskunst leisten kann. Diese Forderung nehme ich also von nun an bei einem Teil der folgenden Aufgaben als erfüllt an, und wer von meinen Lesern sie nicht erfüllt oder nicht erfüllen mag, den muß ich bitten, bei der Durchrechnung dieser Aufgaben eine Logarithmentafel bereit zu legen.

DRITTER ABSCHNITT
DIE 5. WURZEL AUS 6- BIS 20 STELLIGEN ZAHLEN

8. Aufgabe

P.: Die 5. Wurzel aus einer 7stelligen Zahl.
R.: Bitte, diktieren!
P.: 6...
R.: Diktieren Sie nur in beliebiger Reihenfolge!
P.: 6 644 333. (Die Zahl heißt 6 436 343).
R.: Die Zahl heißt 23.

Das Verfahren, die letzte Ziffer rechts sich angeben zu lassen und die übrigen Ziffern in beliebiger Folge, ist auf S. 5 beschrieben worden und wäre natürlich auch hier anwendbar.

Da die erste Ziffer eine 6 ist, so liegt der Radikand zwischen $32 \cdot 10^5$ und $243 \cdot 10^5$, also die gesuchte Zahl zwischen 20 und 30; somit beginnt sie mit 2. Der Neunerrest des Radikanden ist 2, der der gesuchten Zahl ist, wie jetzt bewiesen werden soll, gleich dem Neunerrest von 2^5, also gleich 5. Demnach heißt die gesuchte Zahl 23.

Unsere Tabelle auf S. 6 hat uns gezeigt, daß — von zwei Ausnahmen abgesehen — der Neunerrest der 7. Potenz gleich ist dem Neunerrest der Grundzahl. Demnach stimmt der Neunerrest der 8. Potenz mit dem der 2., der der 9. Potenz mit dem der 3. überein usw., also der Neunerrest der 13. Potenz mit dem der 7., somit auch mit dem der 1. Ferner stimmt mit dem Neunerrest der 1. Potenz überein der Neunerrest der 19., der 25., der 31., allgemein der $(6n+1)^{ten}$ Potenz.

Wenn wir nun den Neunerrest des Radikanden, der die 5. Potenz der gesuchten Zahl darstellt, in die 5. Potenz erheben, so erhalten wir den Neunerrest der 25. Potenz, der aber, wie wir eben zeigten, mit dem Neunerrest der Grundzahl übereinstimmt. Damit ist die Berechtigung unseres Verfahrens bewiesen.

Noch ein anderes Verfahren möge an derselben Aufgabe erläutert werden.

P.: Die 5. Wurzel aus einer 7 stelligen Zahl.
R.: Bitte, diktieren!
P.: 64 ...
R.: Halt! — Die Zahl heißt 23.

Ich sagte oben bereits, daß die Rechenkünstler meiner Überzeugung nach die Logarithmen aller 2 stelligen Zahlen auf etwa 3 Dezimalstellen sich eingeprägt haben. Da wir ihnen das nicht nachmachen wollen, so nehmen wir eine Logarithmentafel zur Hand und schlagen die erste Seite auf, wo sich gewöhnlich die Logarithmen der Zahlen von 1 bis 100 vorfinden. Wir bestimmen log 64 = 1,806, also log 6400000 = 6,806. Der Logarithmus des Radikanden ist also etwas größer als 6,806, demnach der Logarithmus der gesuchten Zahl ein wenig größer als 1,361. — 1,362 ist der Logarithmus von 23, also ist 23 die gesuchte Zahl.

Von diesem Verfahren werden wir noch öfter Gebrauch machen müssen. Nun wollen wir auf dieselbe Aufgabe noch ein drittes Verfahren anwenden, damit wir auch für 11- bis 20 stellige Radikanden genügende Hilfsmittel haben.

P.: Die 5. Wurzel aus einer 7stelligen Zahl.
R.: Bitte, von rechts nach links diktieren!
P.: ... 343.
R.: Halt! — Die Zahl heißt 23.
Die gesuchte Zahl hat 3 Einer. $3^5 = 243$, also bleibt noch 1 Hunderter oder 10 Zehner. Diese werden geliefert von $5 \cdot 3^4 \cdot x$, und da 3^4 auf 1 endigt, von $5x$; $5x = 10$; $x = 2$. Die Zahl heißt 23.

Die 5. Potenz hat der 3. und der 7. Potenz gegenüber den Nachteil, daß man aus ihrer Zehnerstelle noch nicht die Zehner der Grundzahl bestimmen kann, sondern erst aus der Anzahl der Hunderter.

9. Aufgabe

P.: Die 5. Wurzel aus einer 12stelligen Zahl.
R.: Bitte, diktieren!
P.: 551 473 077 343.
R.: 223.

Der Radikand liegt zwischen $32 \cdot 10^{10}$ und $243 \cdot 10^{10}$, die gesuchte Wurzel demnach zwischen 200 und 300. Sie beginnt also mit 2. Sie endigt, wie man sofort erkennt, auf 3. Der Radikand hat den Neunerrest 4. 4^5 hat den Neunerrest 7, also heißt die Zahl 223.

Ein anderes Verfahren:
P.: Die 5. Wurzel aus einer 12stelligen Zahl.
R.: Bitte, diktieren!
P.: 55 ...
R.: Halt! Die übrigen Ziffern in beliebiger Reihenfolge!
P.: 554 433 310 777.
R.: 223.

$\log 55 \cdot 10^{10} = 11{,}740$, $\frac{1}{5} \log 55 \cdot 10^{10} = 2{,}348$. Die gesuchte Zahl liegt daher zwischen 220 und 230, hat somit 2 Hunderter und 2 Zehner. Da der Radikand den Neunerrest 4 hat, so hat die gesuchte Zahl den Neunerrest 7, demnach heißt sie 223.

Ein drittes Verfahren:
P.: Die 5. Wurzel aus einer 12stelligen Zahl.
R.: Bitte, von rechts nach links diktieren!
P.: ... 343.

5. Wurzel aus einer 20stelligen Zahl

R.: Die übrigen Ziffern in beliebiger Folge!
P.: 777 554 310 343.
R.: 223.
Aus den 3 letzten Ziffern bestimmen wir, genau wie in Aufg. 8 auf S. 12, die beiden letzten Stellen der gesuchten Zahl, also 23. Dann berechnen wir, wie oben, den Neunerrest der gesuchten Zahl; dieser ist 7, und die Zahl heißt 223.

10. Aufgabe

P.: Die 5. Wurzel aus einer 20stelligen Zahl.
R.: Bitte, diktieren!
P.: 11 576 155 017 345 132 257.
R.: 6497.

Die gesuchte Wurzel hat 7 Einer. 7^5 endigt auf 807; ...257 − 807 = ...450; 7^4 endigt auf 01; $5 \cdot 7^4$ endigt auf 05; $5 \cdot 7^4 \cdot x$ soll auf 45 endigen; also ist $x = 9$.

11 576 liegt zwischen 6^5 und 7^5; die gesuchte Zahl hat daher 6 Tausender. — Der Neunerrest des Radikanden ist 8, also ist der der gesuchten Zahl gleich dem Neunerrest von 8^5, d. h. gleich 8, und die Zahl heißt 6497.

Für den Fall, daß eine gerade Anzahl von Einern gegeben ist, so daß die Zehner nicht eindeutig bestimmbar sind, wird der Rechenkünstler wieder die Logarithmen benutzen:

Der Radikand beginnt mit 11. Der Logarithmus des Radikanden ist daher größer als 19,041, der Logarithmus der gesuchten Zahl ist demnach größer als 3,808, und der Numerus hierzu liegt zwischen 6400 und 6500. Die Zahl hat also 6 Tausender, 4 Hunderter, 7 Einer und den Neunerrest 8, heißt daher 6497.

VIERTER ABSCHNITT
ANDERE WURZELN

11. Aufgabe

P.: Die 11. Wurzel aus einer 15stelligen Zahl.
R.: Bitte, die Ziffern in beliebiger Reihenfolge!
P.: 012235577789999 [952 809 757 913 927].
R.: Die Zahl heißt 23.

Aus der Stellenzahl zieht man den Schluß, daß der Logarithmus zwischen 14,00 und 14,99 liegt, der 11. Teil daher zwischen 1,272 und 1,363. Daraus folgt, daß die gesuchte Zahl in der Nähe von 20 liegt, und zwar ist es für den, der nur die Logarithmen von 1 bis 10 kennt, zunächst noch unentschieden, ob sie kleiner oder größer ist als 20. Der Neunerrest des Radikanden ist 2; diesen erhebe ich in die 5. Potenz und erhalte den Neunerrest 5; das ist jetzt der Neunerrest der 55. Potenz, folglich, da 55 von der Form $6n + 1$ ist, der Neunerrest der gesuchten Zahl selbst. Die Zahl heißt also entweder 14 oder 23. 14 ist jedoch zu klein, denn wenn ich log 3 und log 5 addiere, so erhalte ich log 15 = 1,176, und da 1,272 > 1,176 ist, so ist die gesuchte Zahl > 15, folglich kann nur 23 die gesuchte Lösung sein.

12. Aufgabe

P.: Die 31. Wurzel aus einer 35 stelligen Zahl.
R.: Die Zahl heißt 13.

Die Lösung wird große Überraschung hervorrufen, insbesondere bei dem, der sich die außerordentliche Mühe gemacht hat, die Zahl 13 in die 31. Potenz zu erheben, und der nun sieht, daß der Rechenkünstler sich von der mühsam errechneten Zahl nicht eine einzige Ziffer sagen läßt.

Und doch braucht man nur die Logarithmen der Zahlen von 1 bis 10 auf 2 Dezimalstellen auswendig zu wissen, um die Lösung ganz rasch zu ermitteln.

Der Logarithmus der gegebenen Zahl liegt zwischen 34,00 und 34,99, der 31. Teil daher zwischen 1,09 und 1,13. Nun ist log 12 = log 2 + log 6 = 1,07 und log 14 = log 2 + log 7 = 1,15. Die gesuchte Zahl liegt also zwischen 12 und 14; sie heißt daher 13. — Wer die Logarithmen der 2 stelligen Zahlen kennt, kommt natürlich noch etwas schneller zum Ziel.

Es ist klar, daß viele der bei den früheren Aufgaben angewandten Methoden auch hier zum Ziele führen würden, und um dem Leser Stoff zur Übung zu geben, will ich die 35 stellige Zahl in der richtigen Ziffernfolge hierher setzen: 34 059 943 367 449 284 484 947 168 626 829 637.

So kann man ohne Logarithmen erkennen, daß die gesuchte Zahl zwischen 10 und 20 liegt, also 1 Zehner hat.

Die Einer kann man nun bestimmen entweder aus den Einern oder aus dem Neunerrest oder aus dem Elferrest des Radikanden. Man kann auch aus dem Neuner- und Elferrest allein die gesuchte Zahl bestimmen, ähnlich wie auf S. 9.

Nach unseren früheren Feststellungen stimmt der Neunerrest der 31. Potenz mit dem Neunerrest der Grundzahl überein; ebenso der Elferrest der 31. Potenz mit dem Elferrest der Grundzahl, so daß hier nicht einmal Umrechnungen notwendig sind. „Ich ziehe mit Vorliebe 31. Wurzeln aus", so äußerte sich einst ein Rechenkünstler mir gegenüber in einem Privatgespräch. Dieser Ausspruch wird dem, der die angenehmen Eigenschaften der 31. Potenz erkannt hat, nicht mehr paradox erscheinen. — Das Ausziehen der 13., 17., 19., 23., 29. Wurzel bietet keine neuen Schwierigkeiten und führt auch zu keinen neuen Methoden.

FÜNFTER ABSCHNITT

BESONDERE SCHWIERIGKEITEN FÜR DEN RECHENKÜNSTLER

Wir haben uns bis jetzt nur mit solchen Aufgaben beschäftigt, in denen der Wurzelexponent eine Primzahl war. Solche Aufgaben werden von den Aufgabenstellern bevorzugt, weil sie für die schwierigsten gehalten werden. Dies würde auch zutreffen, wenn der Rechenkünstler die Wurzel wirklich regelrecht ausziehen würde.

So wird z. B. selten eine 4. Wurzel vorgelegt; denn der Aufgabensteller denkt, dem Rechenkünstler fiele es besonders leicht, zunächst im Kopf die Quadratwurzel auszuziehen und hieraus nochmals die Quadratwurzel. Und doch bietet die 4. Wurzel mehr Schwierigkeiten als die bisher behandelten Aufgaben. Vor allem sind die Einer nicht aus den Einern des Radikanden bestimmbar. Denn 1^4, 3^4, 7^4 und 9^4 endigen auf 1; 2^4, 4^4, 6^4, 8^4 endigen auf 6.

Neunerrest und Elferrest liefern auch keine eindeutigen Bestimmungsmöglichkeiten, wie ein Blick auf die beiden Tabellen S. 6 und S. 8 zeigt. Sichere Resultate lassen sich nur mit Hilfe der Logarithmen erzielen, und es kommt darauf an, wie weit der Rechenkünstler damit gewappnet ist. Kennt er die Logarithmen der Zahlen von 1 bis 100, so ist er nur in der Lage, die 2 ersten Stellen links zu bestimmen; und ist jetzt die gesuchte Zahl 3 stellig, so bleibt noch die Anzahl der Einer unsicher. Geschicktes Interpolieren, Annahme eines Wertes und Probieren desselben mit dem Neuner- oder Elferrest, oder besser noch mit beiden, wird ihn meistens zum richtigen Resultat führen. Ein Beispiel möge dies erläutern.

13. Aufgabe

P.: Die 4. Wurzel aus einer 9 stelligen Zahl.
R.: Bitte, diktieren!
P.: 163 047 361.
R.: 113.

$\log 16 \cdot 10^7 = 8{,}204$; $\frac{1}{4} \cdot \log 16 \cdot 10^7 = 2{,}051$.

Die gesuchte Zahl liegt also zwischen 110 und 120. $\log 120 = 2{,}079$, $\log 110 = 2{,}041$. $2{,}051 - 2{,}041$ ist ungefähr $\frac{1}{3}$ von $2{,}079 - 2{,}041$. Also ist auch der Unterschied zwischen der gesuchten Zahl und 110 etwa $\frac{1}{3}$ von 10. Die Zahl heißt daher vermutlich 113, was sich durch die Neuner- und Elferprobe bestätigt.

Oder auch so: Die gesuchte Zahl liegt zwischen 110 und 120 und ist sicher nicht größer als 115. 115 selbst kann nicht die gesuchte Zahl sein, da sonst die 4. Potenz auf 5 endigen müßte, 111 kann sie auch nicht heißen, da sonst der Neunerrest des Radikanden gleich Null sein müßte, mithin muß die Zahl 113 heißen.

Wenn der Radikand die 4. Potenz einer 4 stelligen Zahl ist, ist der Rechenkünstler erst recht auf möglichst geschicktes Interpolieren angewiesen, um die 3. Stelle von links auch noch mit einiger Sicherheit zu bestimmen. Auch hierfür möge ein Beispiel gebracht werden.

14. Aufgabe

P.: Die 4. Wurzel aus einer 14 stelligen Zahl.
R.: Bitte, diktieren!
P.: 29 321 456 075 041.
R.: 2327.

Da der Radikand größer als $29 \cdot 10^{12}$ ist, so ist der Logarithmus der gegebenen Zahl größer als 13,462, und der der gesuchten Zahl etwas größer als 3,365. Nun ist log 2300 = 3,362; log 2700 = 3,380. Der Unterschied dieser beiden Logarithmen beträgt 18 Einheiten der letzten Stelle, der zwischen 3,362 und dem Logarithmus der gesuchten Zahl etwa 4. Demnach wird die Zahl mit großer Wahrscheinlichkeit zwischen 2320 und 2330 liegen, d. h. die 3. Ziffer heißt höchst wahrscheinlich 2. — Der Neunerrest des Radikanden ist 4. Also ist der der gesuchten Zahl entweder 4 oder 5. 4 kann nicht in Betracht kommen, da sonst die letzte Stelle gleich 6, also eine gerade Zahl wäre; demnach muß er gleich 5 sein, d. h. die Zahl heißt 2327. Nun macht man noch die Elferprobe, um ganz sicher zu sein.

Da nun die Rechenkünstler meines Wissens nicht über Zahlen hinausgehen, deren n^{te} Wurzel eine 4stellige Zahl ist, so sehen wir, daß die eben angewandte Methode wohl ausreicht, um die 4. Wurzel auszuziehen. Bei der 6. Wurzel sind, wie bei der Quadratwurzel, im allgemeinen 2 Lösungen für die Einer vorhanden, was demnach günstiger ist als bei der eben behandelten 4. Wurzel. Dafür versagt hier der Neunerrest; denn wie ein Blick auf unsere Tabelle zeigt, sind die Neunerreste der 6. Potenzen aller nicht durch 3 teilbaren Zahlen gleich 1. Man muß daher die 2 Möglichkeiten für die letzte Stelle und die 2 für den Elferrest kombinieren mit einer geschickten Interpolation. Ich denke, ein Beispiel wird hier nicht nötig sein.

Wie hier der Neunerrest versagt, so versagt bei der 10. Wurzel der Elferrest; bei der 30. Wurzel versagen sogar Neuner- und Elferrest; doch hat der Rechenkünstler nicht zu befürchten, daß ihm jemand die 30. Potenz einer 4stelligen Zahl vorlegt. Gegen das Eintreten dieses Falles spricht ein bekanntes Naturgesetz.

Wir sehen also, der Rechenkünstler kommt nicht leicht in die Klemme, wenigstens nicht, so lange er sich den Radikanden vollständig diktieren läßt.

Mit Hilfe der Logarithmen kommt der Rechenkünstler auch über die Schwierigkeiten hinweg, die entstehen, wenn 3. oder 7. Wurzeln aus Zahlen zu ziehen sind, die auf 5 endigen. In diesem Fall gelingt es nämlich nicht, aus der

2. oder 3. Stelle von rechts einen Schluß auf die 2. Stelle der gesuchten Zahl zu ziehen. Ist nun die gesuchte Zahl 4stellig, so bestimmt man mit Hilfe der Logarithmen die 1. und 2. Stelle links; die 5 Einer sind natürlich bestimmt, und die Zehner bestimmt man nunmehr mit Hilfe des Neuner- oder Elferrestes.

Wer nun etwas boshaft veranlagt ist und vermöge dieser Eigenschaft den Wunsch hat, dem Rechenkünstler die Arbeit zu erschweren, der wird von mir erwarten, daß ich ihm jetzt zu diesem Zweck passende Aufgaben zusammenstelle. Das tue ich aber nicht; man soll die Bosheit nicht noch unterstützen, und wer solche Aufgaben zu stellen wünscht, kann sie durch eigenes Nachdenken konstruieren. Wo ein Wille ist, da ist auch ein Weg.

SECHSTER ABSCHNITT

BESONDERE EIGENSCHAFTEN DER POTENZEN

In manchen Berichten über die Leistungen der Rechenkünstler wird als besonders frappierend hervorgehoben, daß diese Leute nicht selten eine ihnen gestellte Aufgabe nach kurzer Überlegung als falsch bezeichnen, und daß in der Tat der Aufgabensteller bei nochmaliger Durchsicht zugestehen muß, daß er sich verrechnet habe. Die Berichterstatter glauben gerade hieraus auf eine besonders tiefe Einsicht der Rechenkünstler in die Natur der Zahlen und auf eine unfehlbare Sicherheit im Wurzelausziehen schließen zu dürfen. Daß dieser Schluß doch etwas voreilig ist, soll im folgenden gezeigt werden.

15. Aufgabe

P.: Die 3. Wurzel aus einer 7stelligen Zahl.
R.: Bitte, von rechts nach links zu diktieren!
P.: ... 174.
R.: Halt, das genügt. — Bedaure sehr, Sie haben einen Rechenfehler gemacht, bitte, wollen Sie diesen zunächst berichtigen!

Der Aufgabensteller rechnet noch einmal nach und findet, daß er in der Tat statt einer 8 in der 2. Stelle eine 7 geschrieben hat. — Ist das nun wirklich eine erstaunliche Leistung; darf man hieraus auf eine unfehlbare Sicherheit im Rechnen oder gar auf eine übernatürliche mathematische Begabung schließen? Betrachten wir den Fall einmal näher. Die gesuchte Zahl endigt auf 4, heißt also $10x + 4$; $4^3 = 64$; es fehlt also noch 1 Zehner. Dieser kann nur von $3 \cdot 4^2 \cdot x$ geliefert werden. $3 \cdot 4^2 \cdot x$ ist aber stets g e r a d e, kann also niemals auf 1 endigen; mithin ist entweder die Einerstelle des Radikanden falsch berechnet, oder die Zehnerstelle, oder beide.

16. Aufgabe

P.: Die 3. Wurzel aus einer 10 stelligen Zahl.
R.: Bitte, diktieren!
P.: 3 532 641 667 (statt 2, s. Aufg. 5).
R.: Ihr Beispiel ist fehlerhaft. Wenn Sie genau nachrechnen, werden Sie sicher feststellen, daß Sie sich verrechnet haben.

Hier ist an den 2 letzten Stellen nichts zu bemerken, da eine ungerade Anzahl von Einern vorhanden ist. Wie ich oben angemerkt habe, ist der Fehler in der 4. Stelle. Diesmal wird er durch die Neunerprobe aufgedeckt. Der Neunerrest des Radikanden ist nämlich 7, und keine 3. Potenz einer ganzen Zahl kann je den Neunerrest 7 haben. Die 3. Potenzen haben, wie unsere Tabelle auf S. 6 zeigt, nur die Neunerreste 0, 1 und 8. Das ist auch durchaus nichts Verwunderliches; denn die 6. Potenzen haben ja, wie ich auf S. 17 schon hervorgehoben habe, nur die Neunerreste 0 und 1, was übrigens ein Sonderfall einer Erweiterung des kleinen Fermatschen Satzes ist. Folglich müssen die 3. Potenzen, da die 6. aus ihnen durch Quadrieren hervorgehen, die Neunerreste 0, 1 und — 1 haben oder, was dasselbe ist, 0, 1 und 8. Das ist ja auch der Grund dafür, daß man beim Ausziehen der Kubikwurzel die Neunerprobe nicht gebrauchen kann, da zu jedem Neunerrest des Radikanden 3 verschiedene Neunerreste der gesuchten Wurzel gehören.

17. Aufgabe

P.: Die 13. Wurzel aus einer 23 stelligen Zahl.
R.: Bitte, diktieren!
P.: 84 053 540 738 187 333 132 288.
R.: Kann unmöglich stimmen.

Der Aufgabensteller P. ist diesmal Herr Dr. Gottfried Rückle, Frankfurt a. M., der in Nr. 452 der „Köln. Ztg." 1913 einen interessanten Aufsatz „Wurzelausziehen mit Schnelligkeit und Eleganz" veröffentlicht hat. Er bespricht darin Methoden, die Prof. Quinton den Gelehrten der Sorbonne vorgeführt hat, und ich habe mit Genugtuung gesehen, daß ich mit meiner Behauptung, die Rechenkünstler wüßten eine bestimmte Anzahl von Logarithmen auswendig, nicht isoliert dastehe. Quinton, sowie Rückle, benutzen nur die Logarithmen und die letzte Ziffer, aber nicht die Neunerprobe, die Elferprobe und die zweitletzte Ziffer. Daher werden auch nur 2 Stellen der Wurzel mit Sicherheit bestimmt, und nicht 4, wie bei den von mir dargestellten Methoden. Hätte Herr Dr. Rückle einmal die Neunerprobe gemacht, so würde er sofort bemerkt haben, daß sein Beispiel fehlerhaft berechnet ist; denn der Neunerrest des Radikanden ist 6, und bekanntlich kann keine Potenz außer der ersten diesen Neunerrest haben. Ein Druckfehler liegt höchst wahrscheinlich nicht vor, da in dem Artikel derselbe Radikand noch einmal benutzt wird und wieder gerade so lautet.

18. Aufgabe

P.: Die 5. Wurzel aus einer 12stelligen Zahl.
R.: Bitte, diktieren!
P.: 551 474 077 343 (statt 3).
R.: Kann unmöglich stimmen ...
Hier deckt die Elferprobe den Fehler auf. Der Elferrest ist 2; aber keine 5. Potenz kann je den Elferrest 2 haben, hier treten nur die Reste 0, 1 und 10 auf. Denn die 10. Potenz, das Quadrat der 5., hat nur die Elferreste 0 und 1 (nach unserer Tabelle, oder auch nach dem kleinen Fermatschen Satz), also hat die 5. nur 0, $+1$ und -1.

19. Aufgabe

P.: Die 5. Wurzel aus einer 12stelligen Zahl.
R.: Bitte, von rechts nach links diktieren!
P.: ... 373.
R.: Halt! — Sie haben einen Fehler gemacht ...
Die Zahl heißt $10x + 3$; $3^5 = 243$ hat 4 Zehner; die übrigen 3 Zehner müssen geliefert werden von $5 \cdot 3^4 \cdot x$. Da

Weitere Ermittelung von Fehlern. Die 5 Hilfsmittel

dieses Produkt aber nur auf 0 oder 5 endigen kann, so kann die zweite Stelle nur 4 oder 9 heißen, aber niemals 7.

20. Aufgabe

P.: Die 7. Wurzel aus einer 13 stelligen Zahl.
R.: Bitte, von rechts nach links zu diktieren!
P.: ... 594.
R.: Halt, das genügt. — Sie haben sich verrechnet.

Die gesuchte Zahl müßte auf 4 endigen. 4^7 endigt auf 84 (04, 16, 64, 56, 24, 96, 84). Den noch fehlenden Zehner soll $7 \cdot 4^6 \cdot x$ liefern, was augenscheinlich unmöglich ist.

21. Aufgabe

P.: Die 7. Wurzel aus einer 12 stelligen Zahl.
R.: Bitte, diktieren!
P.: 271 818 621 107 (statt 1).
R.: Das kann unmöglich stimmen.

Denn die beiden letzten Stellen liefern als Lösung 43; letzte Stelle und Neunerrest dagegen 53; also muß ein Fehler in der Aufgabe sein.

22. Aufgabe

P.: Die 17. Wurzel aus einer 23 stelligen Zahl.
R.: Bitte, von rechts nach links zu diktieren!
P.: ... 75.
R.: Halt! Das ist unmöglich richtig.

Der Logarithmus der 23 stelligen Zahl liegt zwischen 22,0 und 22,9. Der Logarithmus der gesuchten Zahl liegt daher zwischen 1,29 und 1,35. Die Zahl ist daher sicher größer als 15 und kleiner als 25. Da die Wurzel auf 5 endigen muß und zwischen 15 und 25 keine auf 5 endigende Zahl liegt, so folgt unbedingt, daß der Radikand fehlerhaft berechnet ist.

Die Zahl der Beispiele ließe sich leicht noch vermehren.

SIEBENTER ABSCHNITT
RÜCKBLICK

Wir haben gesehen, daß der Rechenkünstler über folgende Hilfsmittel verfügt:

1. Die $(4n + 1)^{te}$ Potenz endigt mit derselben Ziffer, wie die Grundzahl; die $(4n + 3)^{te}$ Potenz mit derselben Ziffer wie die 3. Potenz.

2. Die Zehner können mit Hilfe des binomischen Satzes bestimmt werden aus der Zehner- bzw. Hunderterstelle des Radikanden.

3. Der Neunerrest der $(6n + 1)^{ten}$ Potenz ist gleich dem Neunerrest der Grundzahl (Ausnahme: der Neunerrest 0).

4. Der Elferrest der $(10n + 1)^{ten}$ Potenz ist gleich dem Elferrest der Grundzahl.

5. Wenn man die Logarithmen der Zahlen von 1 bis 100 auf etwa 3 Dezimalstellen kennt, so ist man in der Lage, die beiden ersten Stellen der gesuchten Zahl anzugeben, und durch geeignetes Interpolieren läßt sich auch die 3. Stelle mit einiger Wahrscheinlichkeit bestimmen.

Je nach der Stellenzahl, dem Wurzelexponenten und der Einerstelle wird das eine oder das andere der 5 Hilfsmittel in den Vordergrund treten. Wie unsere Beispiele gezeigt haben, führen oft mehrere Methoden bei derselben Aufgabe zum Ziel.

Wenn nun einer aus dem Publikum ankündigt: Die α-Wurzel aus einer β-stelligen Zahl, so überlegt der Rechenkünstler mit Blitzesschnelle, welche Hilfsmittel in dem gegebenen Falle am zweckmäßigsten sind, und wenn mehrere Methoden anwendbar sind, so wählt er eine solche, die seine Kunst jedesmal wieder von einer neuen Seite zeigt.

Es ist zweifellos, daß dazu eine große Gewandtheit und Geistesgegenwart gehört, und ich habe durchaus nicht die Absicht, die Leistungen der Rechenkünstler zu unterschätzen; ich will nur bewirken, daß sie nicht überschätzt werden. Viele, die einen Rechenkünstler gesehen oder Zeitungsberichte über ihn gelesen haben, sind geneigt, ihn für ein höheres Wesen zu halten, dem Einblicke in die Zahlenlehre vergönnt sind, die uns übrigen Sterblichen versagt bleiben. Nicht wenige sind auch der Meinung, daß Betrug dahinter stecken müsse. Der Leser wird aus meinen Ausführungen erkannt haben, daß dies nicht der Fall ist. Jeder flotte Rechner mit ausreichend gutem Zahlengedächtnis kann diese Kunststücke ausführen.

Sind das nun alle Hilfsmittel, deren sich der Rechenkünstler bedient? Das weiß ich freilich nicht, und daher heißt auch der Titel meines Büchleins vorsichtigerweise „Geheimnisse" und nicht „die Geheimnisse".

Sollte der eine oder der andere meiner Leser Gelegenheit haben, dem Vortrag eines Rechenkünstlers beizuwohnen

Der synodische Monat 23

— und ich möchte dringend raten, eine solche Gelegenheit ja nicht zu versäumen —, und sollten dabei Wurzelausziehungen erfolgen, die sich nach den hier ausgeführten Methoden nicht erklären lassen, so wäre ich dem Leser sehr dankbar, wenn er mir davon Mitteilung machen wollte. Vielleicht würde es mir dann gelingen, noch weitere Geheimnisse aufzudecken, vorausgesetzt, daß noch welche vorhanden sind.

ACHTER ABSCHNITT
BESTIMMUNG DES OSTERDATUMS

Der Rechenkünstler versteht es, seine Hörer in Spannung zu erhalten. Kaum hat sich das Publikum von seinem Staunen über die gewaltigen Wurzelausziehungen erholt, so erweckt ein anderes, nicht minder rätselhaftes Kunststück von neuem seine Bewunderung.

Irgend eine Jahreszahl wird genannt, und nach kurzer Zeit gibt der Rechenkünstler das zugehörige Osterdatum an. Während er also vorher über die schwerfälligen Mathematiker triumphierte, stellt er jetzt die ebenso schwerfälligen Astronomen in den Schatten. Und doch ist dieses Kunststück so einfach, daß es jeder, der einige Übung im Kopfrechnen hat, leicht nachmachen kann.

Zunächst einige sachliche Erläuterungen. Ostern fällt auf den ersten Sonntag nach dem Frühlingsvollmond. Der Frühlingsvollmond ist der erste Vollmond nach Beginn des Frühlings, kann also frühestens auf den 21. März fallen. Unsere Aufgabe besteht nun aus zwei Teilen. Erstens ist zu bestimmen, auf welchen Tag des Jahres der Frühlingsvollmond fällt, und zweitens, was der so bestimmte Tag für ein Wochentag ist, oder, anders ausgedrückt, wieviel Tage man von dem Frühlingsvollmond an weiter zählen muß, bis man zu einem Sonntag kommt. Wir beschäftigen uns zunächst mit der ersten Aufgabe. Die Zeit von einem Vollmond zum nächsten, der sogenannte synodische Monat, beträgt ungefähr $29^{1}/_{2}$ Tage. 12 synodische Monate sind daher 354 Tage, demnach 11 Tage weniger als ein gemeines Jahr. War daher z. B. zu Beginn eines Jahres Neumond, so sind zu Beginn des folgenden Jahres 11 Tage seit dem letzten Neumond verflossen, oder, wie man sagt, der Mond ist 11 Tage alt. Dieses „Alter" des

Mondes am Anfang des Jahres nennt man die Epakte, und man erkennt, daß diese Epakte jährlich um 11 Tage zunimmt. Man kann freilich einwenden, daß im Schaltjahr die Epakte um 12 Tage zunehmen müßte; aber wenn man auch hier nur 11 Tage zuzählt, wird der Fehler teilweise ausgeglichen, der dadurch begangen wird, daß der synodische Monat nicht genau $29\frac{1}{2}$ Tage beträgt.

19 Jahre sind nahezu ein ganzzahliges Vielfaches eines synodischen Monats; daher wird die Epakte alle 19 Jahre dieselbe sein, oder anders ausgedrückt, alle Jahre, die durch 19 geteilt denselben Rest haben, stimmen in der Epakte überein. Kennt man nun für ein bestimmtes Jahr die Epakte, so kann man sie für jedes beliebig gegebene Jahr berechnen.

Nun wollen wir uns die leicht behaltbare Angabe einprägen, daß das Jahr 1900 die Epakte — 1 hatte, d. h., daß zu Beginn des Jahres 1900 noch ein Tag bis zum Eintritt des Neumonds fehlte. Also hatte 1901 die Epakte 10, 1902 die Epakte 21, 1903 die Epakte 32. Die Zahl 32 ist aber zu groß, da sie die Dauer des synodischen Monats übertrifft. Man nimmt daher den Überschuß über 30; daher ist in unserem Fall die Epakte gleich 2.

1913 ist der Mond $13 \cdot 11 = 143$ Tage älter, als zu Anfang des Jahres 1900. $143 = 4 \cdot 30 + 23$. Die Epakte von 1913 ist um 23 größer als die von 1900; sie ist daher gleich $23 - 1 = 22$.

Ist nun e die Epakte für ein bestimmtes Jahr, so ist auch zu Beginn des März der Mond e Tage alt, denn Januar und Februar des gemeinen Jahres betragen zusammen 59 Tage, d. i. das Doppelte eines synodischen Monats. Der nächste Vollmond kann nun unmöglich der Frühlingsvollmond sein, solange $e < 15$ ist; denn wenn ich e von 15 subtrahiere, ist der Rest < 15, folglich erst recht < 21, so daß der Vollmond vor dem 21. März eintritt. In diesem Falle muß ich daher bis zum übernächsten Vollmond rechnen, also e von $15 + 29$, oder eigentlich von $14\frac{3}{4} + 29\frac{1}{2}$, also rund von 44 abzählen, um die Anzahl der Tage bis zum Frühlingsvollmond zu erhalten.

Ist $e > 15$, so muß ich ebenfalls von $15 + 29 = 44$ abzählen, so daß sich die unter allen Umständen zutreffende Regel ergibt: Wenn e die Epakte ist, so fällt der Frühlingsvollmond auf den $(44 - e)^{\text{ten}}$ März. Daß natürlich z. B. der 35. März als 4. April zu bezeichnen ist, braucht wohl nur angedeutet zu werden.

Beispiele

1913 hat, wie vorhin berechnet wurde, die Epakte 22, also ist der $(44 - 22)^{\text{te}}$, somit der 22. März das Datum des Frühlingsvollmonds.

1914 läßt durch 19 geteilt den Rest 14; $14 \cdot 11 = 154$; $154 = 5 \cdot 30 + 4$; $4 - 1 = 3$; für 1914 ist $e = 3$; $44 - 3 = 41$; Frühlingsvollmond am 10. April.

1915; 15; 165; 15; 14; $e = 14$; F.: 30. März.

1916; 16; 176; 26; $e = 25$; $44 - 25 = 19$.

Da aber der 19. März nicht das Datum des Frühlingsvollmonds sein kann, so muß man einen synodischen Monat, und zwar hier ausdrücklich 29 (nicht 30) Tage weiterzählen. $19 + 29 = 48$; also ist der Frühlingsvollmond am 17. April.

Jetzt ist noch die zweite Aufgabe zu erledigen: Wieviel Tage muß man vom Frühlingsvollmond an weiter zählen, um zum ersten Sonntag zu gelangen?

Man merke sich: Der 1. April 1900 war ein Sonntag. In jedem gemeinen Jahre rückt ein nach dem Februar gelegenes Datum um 1 Wochentag, in jedem Schaltjahre um 2 Wochentage weiter.

Demnach ist 1913 der 1. April um $(13 + 3)$ Wochentage (wegen der 3 Schaltjahre) weitergerückt; ich muß also 16 Tage zurückzählen, um zu einem Sonntag zu gelangen. Vom 22. März, dem Datum des Frühlingsvollmonds 1913, bis zum 1. April sind es 10 Tage; gehe ich also um 10 Tage weniger weit zurück, so komme ich zu dem Wochentag, auf den der Frühlingsvollmond fällt. Der Frühlingsvollmond 1913 fällt mithin auf einen Tag, der 6 Tage nach einem Sonntag ist; es fehlt daher noch 1 Tag bis zum Sonntag, also fällt Ostern auf den 23. März. — Die Rechnung vollzieht sich nun ganz rasch:

1913; ... F.: 22. März.

$13 + 3 - 10 + 1 = 7$;   O.: $(22 + 1)^{\text{ten}}$ März.

1914; ... F.: 10. April.

$14 + 3 + 9 + 2 = 4 \cdot 7$; O.: 12. April.

Da 1914 der Frühlingsvollmond 9 Tage nach dem 1. April ist, so muß ich um $(14 + 3 + 9)$ Tage zurückgehen, um vom

10. April 1914 auf einen Sonntag zu kommen. Das sind 26 Tage. Wären es 2 Tage mehr, so wäre der 10. April ein Sonntag; so fehlen noch 2 Tage, also ist Ostern am 12. April.

1915; ... F.: 30. März.
$15 + 3 - 2 + 5 = 3 \cdot 7$; O.: $(30 + 5)^{ten}$ März = 4. April.

1916; ... F.: 17. April.
$16 + 4 + 16 + 6 = 6 \cdot 7$; O.: $(17 + 6)^{ten}$ April.

Eine ganze Osternberechnung gestaltet sich also wie folgt:

1917; 17; 187; 7; 6; 38; F.: 7. April.
$17 + 4 + 6 + 1 = 28$; O.: $(7 + 1)^{ten}$ April.

1918; 18; 198; 18; 17; 27: F.: 27. März.
$18 + 4 - 5 + 4 = 21$; O.: 31. März.

1919; 0; 0; $-$ 1; 45; F.: 14. April.
$19 + 4 + 13 + 6 = 42$; O.: 20. April.

1920; 1; 11; 10; 34; F.: 3. April.
$20 + 5 + 2 + 1 = 28$; O.: 4. April.

Ich bemerke, daß dieses Verfahren, das einem einigermaßen geübten Rechner in wenigen Sekunden das Osterdatum liefert, noch dazu den Vorteil hat, daß es für das ganze 20. Jahrhundert ausnahmslos die richtigen Resultate ergibt.

Ob es der Rechenkünstler nun wirklich so macht? Nun, buchstäblich genau so, wie ich es hier angegeben habe, wird es ja vielleicht nicht sein; aber jedenfalls wird sein Verfahren dem hier angegebenen ziemlich ähnlich sehen, falls er nicht eine Ostertabelle auswendig gelernt hat.[1]) Vielleicht ist dem Leser die Gaußsche Osterformel bekannt, und er vermutet, der Rechenkünstler benutze möglicherweise diese Formel. Aber erstens ist dieselbe sicher umständlicher als das hier angegebene Verfahren, und zweitens gibt der Rechenkünstler auf Wunsch auch das Alter des Mondes für jedes beliebige Datum an, was man mit Hilfe der Epakte leicht ausführen kann, während die Gaußsche Formel hierzu nicht brauchbar ist.

---

[1]) Eine sehr hübsche Ostertabelle findet sich in Schuberts „Math. Mußestunden".

Verfahren für 1800 bis 1900

Für das 19. Jahrhundert sind zwei kleine Änderungen notwendig. Der 1. April 1800 war kein Sonntag, sondern ein Dienstag, weshalb man stets um 2 Tage weiter zurückgehen muß, um zu einem Sonntag zu gelangen; dann sind die Epakten für die Jahre von 1800 bis 1900 alle um 1 größer als die Berechnung nach der für unser Jahrhundert gegebenen Anleitung ergibt. Merkt man sich dazu noch den Vorteil, daß man für die Jahre von 1800 bis 1900 den Rest der Division durch 19 leicht findet, indem man 100 addiert und von dem jetzt leicht ersichtlichen 19er-Rest 5 subtrahiert, so kann man auch für das vergangene Jahrhundert mit großer Schnelligkeit das Osterdatum bestimmen. Ich will auch hierzu einige Beispiele geben:

1883; 2; 22; F.: 22. März.
$2 + 83 + 20 - 10 + 3 = 98$; O.: 25. März.
1884; 3; 3; F.: 10. April.
$2 + 84 + 21 + 9 + 3 = 119$; O.: 13. April.
1885; 4; 14; F.: 30. März.
$2 + 85 + 21 - 2 + 6 = 112$; O.: 5. April.
1886; 5; 25; 19 + 29; F.: 17. April.
$2 + 86 + 21 + 16 + 1 = 126$; O.: 18. April.

Dieses Beispiel zeigt eine der wenigen Ausnahmen, wo unser Verfahren nicht zutrifft; in Wirklichkeit ist Ostern 1886 am 25. April.

Der Deutlichkeit zu Liebe habe ich hier noch nicht alle Abkürzungen angewandt, die der geübte Rechner anwendet; so habe ich im 2. Teil einer jeden Osternbestimmung die Summanden nicht durch ihre Siebenerreste ersetzt, was die Rechnung noch weiter vereinfacht hätte.

Eine andere Vereinfachung will ich auch noch erwähnen. Wenn der Rest bei der Division durch 19 ein Vielfaches von 3 ist, so braucht man nicht, wie sonst, mit 11 zu multiplizieren und den Dreißigerrest dieses Produkts eventuell um 1 zu vermindern, um die Epakte zu erhalten, sondern man braucht für 1900 bis 2000 nur vom Neunzehnerrest 1 abzuzählen, für 1800 bis 1900 ist der Neunzehnerrest bereits die gesuchte Epakte. Denn bezeichne ich den Neunzehnerrest mit $r = 3u$, so muß ich für unser Jahrhundert den Dreißigerrest von $11r$ um 1 vermindern. Nun ist hier $11r = 33u$; der Dreißigerrest ist $3u = r$, also ist $e = r - 1$, wie oben behauptet wurde.

NEUNTER ABSCHNITT

BERECHNUNG DER MONDPHASE FÜR EIN GEGEBENES DATUM

Auch hier geht man von der Epakte aus.. Denn es ist klar, daß man das „Alter" des Mondes für irgendeinen Tag des Jahres berechnen kann, wenn man weiß, wie alt der Mond zu Beginn des betreffenden Jahres war. Ich will zunächst an einigen Beispielen zeigen, wie man das praktisch ausführt.

1. Der Mond am 13. März 1905. $e = 24$; zu Beginn des 1. März war der Mond auch 24 Tage alt, am 13. März 37 Tage, d. h. $7\frac{1}{2}$ Tage (hier nimmt man den Überschuß über $29\frac{1}{2}$). An diesem Tage war also 1. Viertel.

2. Der Mond am 23. Dezember 1897. Hier bestimmt man am besten die Epakte von 1898 und zählt 8 Tage zurück: 98; 3; 17; 7; $e = 7$. Also war der Mond am 23. Dezember 1897 29 Tage alt, demnach war an diesem Tage der Eintritt des Neumondes.

3. Die ringförmige Sonnenfinsternis im April 1912 ist wohl noch vielen in Erinnerung. An welchem Tag war sie wohl? Das heißt, an welchem Tag war im April 1912 der Eintritt des Neumondes? 12; $e = 11$; Alter des Mondes am 1. März 12 Tage (infolge des Schaltjahres); am 1. April $13\frac{1}{2}$ Tage. 16 Tage später war der synodische Monat zu Ende, also hatten wir 16 Tage nach dem 1. April wieder Neumond, mithin war jene Sonnenfinsternis am 17. April.

Es ist gar nicht übel, wenn man sich dieses Kunststückchen merkt; Gelegenheit zur Anwendung bietet sich manchmal. Da werden z. B. in einer Gesellschaft abenteuerliche Geschichten erzählt, die natürlich buchstäblich wahr sind. Einer der Gäste ergreift eben das Wort und erzählt das schrecklichste Ereignis seines Lebens. Dieses Ereignis hat sich seinem Gedächtnis bis auf alle Einzelheiten unauslöschlich eingeprägt. Er weiß sogar noch ganz genau den Tag und die Stunde. Es war am 26. Mai 1892, um 10 Uhr nachts, und er entging nur dadurch dem sichern Tode, daß der Vollmond, der eine Zeitlang hinter Wolken versteckt war, gerade hell leuchtend hervortrat, ihn das Gefährliche seiner Situation mit einem Schlage erkennen ließ, so daß er sich mit genauer Not noch retten konnte.

Während dieser Erzählung überlegt man: 92; 16; 11; 121; 1; $e = 1$; am 1. Mai 1892 war der Mond $1 + 1 + 2 = 4$ Tage alt. Am 26. war er also 30 Tage alt, d. h. es war gerade Neumond.

Es ist nun ganz interessant, zu beobachten, welche Wirkung die Eröffnung, daß in jener Nacht gar kein Mondschein war, auf den Erzähler und die Zuhörer ausübt.

ZEHNTER ABSCHNITT
DIE „DENKENDEN" ROSSE VON ELBERFELD

Obgleich ich wohl annehmen darf, daß die meisten meiner Leser bereits von den merkwürdigen Leistungen der „denkenden" Rosse gelesen haben, so will ich doch kurz den Tatbestand angeben: Nachdem der „kluge Hans" des Herrn von Osten in Elberfeld schon in Vergessenheit geraten war, und seine Leistungen als nicht beweiskräftig für das Vorhandensein einer Denkfähigkeit beim Pferde erwiesen worden waren (Pfungst, „Das Pferd des Herrn von Osten [der kluge Hans]", Leipzig 1907), erschien 1912 von einem Herrn Krall, Inhaber eines Juweliergeschäftes in Elberfeld, ein Werk, in dem von neuem versucht wird, die Frage nach der Denkfähigkeit der Pferde in bejahendem Sinne zu beantworten („Denkende Tiere." Beiträge zur Tierseelenkunde auf Grund eigener Versuche. Der kluge Hans und meine Pferde Muhamed und Zarif. Leipzig. Fr. Engelmann, 1912). Die Meinungen über dieses Werk sowie über die Leistungen der denkenden Pferde stehen sich schroff gegenüber. Eine Kommission von Psychologen hat eine Prüfung vorgenommen und ein äußerst günstiges Gutachten abgegeben, dem sich mehrere andere Fachgenossen begeistert anschlossen. Dagegen ist eine Erklärung erschienen (Protest in Sachen der

Elberfelder „rechnenden" Pferde), die Prof. Dexler-Prag auf dem in Monaco abgehaltenen IX. internationalen Zoologenkongreß zur Verlesung gebracht hat. Auch unter diesem Protest stehen Namen von bedeutendem Klang, z. B. Wilhelm Wundt.

Ich bin weit entfernt, in dieser Angelegenheit Stellung zu nehmen; ich bin kein Tierpsychologe und kann also nicht mitreden; mich interessiert hier nur die mathematische Seite der Sache. Was rechnen diese Rosse? Die leichteren Aufgaben übergehe ich, obgleich gerade sie für die Psychologen die interessanteren zu sein scheinen, und ich wende mich gleich zu den „sehr schweren Aufgaben", wie sie L. Plate nennt (Naturwissenschaftl. Wochenschrift, N. F. XII. Nr. 17). Es handelt sich dabei um das Ausziehen von 2., 3. und 4. Wurzeln derart, daß das Resultat gewöhnlich 2 oder 3 stellig wird. Ich führe einige Beispiele an, wie sie Plate protokolliert hat. $\sqrt[2]{99\,225}$; Muhamed: 315, also sofort das richtige Resultat. $\sqrt[4]{83\,521}$; M.: 23 (falsch), 17 (richtig). $\sqrt[2]{582\,169}$; M.: 523, 347, 177, 132, 747, 787, 773, 873, 783, 363 und endlich beim 11. Mal richtig 763. Auch von einer 5. Wurzel wird berichtet (von Sarasin): $\sqrt[5]{147\,008\,443}$; M.: 23, 24, 32, 22, 63, 33, endlich richtig 43.

Mit der Lösung derartiger Aufgaben werden die Rosse plötzlich auf fast die gleiche Stufe gestellt wie die Rechenkünstler, mit denen wir uns hier beschäftigen. Freilich, der Rechenkünstler darf nicht 10mal daneben raten, sonst blamiert er sich. Aber mit fortgesetzter Übung wächst ja die Sicherheit. Und wer will es den Rossen verübeln, wenn sie sich einen neuen Erwerbszweig suchen? Dampf, Benzin und Elektrizität haben sie fast ganz aus ihrem früheren Wirkungskreise verdrängt. Und da sie nun bald keine Wagen, keine Kutschen, keine Pflüge mehr zu ziehen haben, so ziehen sie eben — Wurzeln und brechen ihrerseits in ein Gebiet ein, in dem bisher nur wenig Konkurrenz war. Wie die Rosse rechnen? Ob man den Rossen die Kunstgriffe beibringen kann, die in den vorigen Abschnitten beschrieben worden sind? Darüber verweigere ich die Auskunft. Mein Buch ist für denkende Menschen und nicht für denkende Rosse geschrieben.

Besitzen die Rechenkünstler Intelligenz?

Nun kommt aber eine Frage, der ich nicht ausweichen darf; sie ist sogar schuld daran, daß dieses Kapitel länger wird als manches andere. Sie heißt: Ist dieses Wurzelausziehen wirklich ein Zeichen von Intelligenz, sei es beim Menschen oder beim Roß? Zwar ist diese Frage mehr psychologischer Natur, und ich könnte sie den Psychologen und Philosophen überlassen; allein die Erfahrung hat gezeigt, daß, wenn die Philosophen über mathematische Dinge urteilen, die Mathematiker manchmal schlecht dabei wegkommen. Ich erinnere nur an Schopenhauer, der der Mathematik jeglichen Bildungswert und den Mathematikern jegliche Intelligenz abstreitet. Liegt da nicht der Gedanke nahe, das Problem der denkenden Rosse einfach im Sinne Schopenhauers zu lösen? Man braucht gar nicht so weit zu gehen wie dieser Philosoph; es genügt ja, den **Rechenkünstlern** die Intelligenz abzusprechen, und so braucht man es nicht einmal mit den Mathematikern zu verderben.

Zu dieser Lösung des Problems ist in der Tat einer der Sachverständigen gekommen. Herr Prof. Dr. von Buttel-Reepen (Meine Erfahrungen mit den „denkenden" Pferden, Naturw. Wochenschrift, N. F. XII, Nr. 17) führt darüber etwa folgendes aus: „Es hat — nach den allgemeinen hierüber vorliegenden Angaben — eine ganze Anzahl von Rechenkünstlern gegeben und es gibt noch einzelne, die zum Teil in völlig unerzogenem Zustande — als Kinder von Bauern — bereits im Alter von 6 Jahren die schwierigsten Rechenaufgaben, Quadratwurzeln auszuziehen usw., natürlich aus dem Kopf, in wenigen Sekunden lösten, denn sie konnten in dem Alter weder lesen noch schreiben. Ich nenne hier den jetzt 8 Jahre alten Miguel Mantille, ferner Tom Fuller, der nie lesen und schreiben lernte, Henry Mondeux, Ferrol, Inaudi usw., des weiteren den blindgeborenen und etwas schwachsinnigen Fleury, der jetzt, 18 Jahre alt, im Blindeninstitut von Armentières lebt, aber im Ausziehen von Quadratwurzeln usw. das Unglaublichste leistet und zwar ganz nach eigener Methode, da ihm die gebräuchliche gar nicht bekannt ist. . . . Man kann aus diesen Beispielen wohl entnehmen, daß die Lösung schwierigster Rechenaufgaben unter Umständen keiner hohen Intelligenz bedarf und offenbar auch bei **recht schwacher** Intelligenz leicht gelingt, und wenn man erfährt, daß die erstaunlichste Rechenkunst der Kinderjahre sogar mit der Zunahme der Intelligenz — bei fortschreitender allgemeiner Bildung — wieder verschwindet, wie z. B. bei Richard Whately (bis 1863 Erzbischof von Dublin), hier also gewissermaßen in Gegensatz zur Intelligenz tritt, so scheint mir kein absolut zwingender Grund vorzuliegen, eventuell bei den Elberfelder Pferden eine hohe Intelligenz annehmen zu müssen, da ihr ganzes sonstiges Verhalten dem nicht entspricht."

Wenn ich es versuche, diesen Ausführungen entgegen zu treten, so geschieht dies keineswegs im Interesse der denkenden Rosse, sondern im Interesse der Rechenkünstler, wenigstens einer besonderen Klasse derselben. Ich meine diejenigen, deren „Geheimnisse" ich in den vorigen Kapiteln dargelegt habe. Man muß sehr wohl unterscheiden zwischen dem mechanischen Rechnen auf Grund eines angeborenen guten Zahlengedächtnisses und dem verstandesmäßigen Rechnen, bei dem alle sich bietenden Vorteile ausgenutzt werden. Daß zu dem ersteren eine geringe Intelligenz ausreicht, soll nicht in Abrede gestellt werden. Aber die Rechenkünstler, die ich im Auge habe, rechnen verstandesmäßig und haben überdies die Methoden, deren sie sich bedienen, jedenfalls durch eigenes Nachdenken gefunden. Sollte wirklich hier das Schriftwort sich erfüllt haben, daß ein kindliches Gemüt sich an dem erbaut, was den Weisen dieser Erde verborgen ist? Man wird mir entgegnen, daß nur die Gruppe I (mechanische Rechner) gemeint sei. Das hätte ich auch angenommen, wenn nicht ein Rechenkünstler genannt wäre, der sicherlich dieser Gruppe nicht zugezählt werden darf. Dieser Mann heißt Ferrol. Ihm sei der folgende Abschnitt gewidmet, und die Leser mögen selbst entscheiden, welcher der beiden Gruppen der genannte Rechenkünstler angehört.

ELFTER ABSCHNITT
DAS FERROLSCHE RECHENVERFAHREN

Ferrol pflegt bei seinen Vorträgen die Zuhörer mit seiner Multiplikationsmethode bekannt zu machen, deren er sich bedient, um das Produkt von zwei vielstelligen Faktoren sofort niederzuschreiben. Diese Methode gehört demnach nicht zu den „Geheimnissen", zumal auch neuerdings eine Abhandlung über dieselbe erschienen ist (E. Jancke, Das Ferrolsche Rechenverfahren und seine Anwendung in der Schule. Städt. Oberrealschule Königsberg i. Pr. Prog.-Nr. 24).

Nun ist allerdings, wie ich im voraus bemerken möchte, und wie es auch Herr W. Lietzmann bei einer Besprechung des eben genannten Buches hervorgehoben hat, dieses Multiplikationsverfahren nicht neu, sondern seine Geschichte reicht bis zu den Indern zurück. Dadurch wird das Verdienst Ferrols natürlich in keiner Weise geschmälert; er hat dieses Verfahren zweifellos selbst wieder erfunden, und wir werden nachher sehen, in welcher Weise er es weiter ausgebaut hat.

Das Verfahren beruht auf dem Satz: Ein Polynom wird mit einem andern multipliziert, indem man die Glieder des einen der Reihe nach mit jedem Glied des andern multipliziert. Hat man also

$$(a_0 + 10 a_1 + 100 a_2 + 1000 a_3)(b_0 + 10 b_1 + 100 b_2 + 1000 b_3),$$

so erhält man, wenn man zugleich passend ordnet:

$$a_0 b_0 + 10(a_1 b_0 + a_0 b_1) + 100(a_0 b_2 + a_2 b_0 + a_1 b_1)$$
$$+ 1000(a_0 b_3 + a_3 b_0 + a_1 b_2 + a_2 b_1) + 10000(a_1 b_3$$
$$+ a_3 b_1 + a_2 b_2) + 100000(a_2 b_3 + a_3 b_2) + 1000000 a_3 b_3.$$

Hieraus erkennt man, was sich auch unmittelbar an Zahlenbeispielen zeigen läßt:

Einer entstehen nur durch Multiplikation von Einern mit Einern.

Zehner: Einer mal Zehner + Zehner mal Einer + Einerüberschuß.

Hunderter: Einer mal Hunderter + Hunderter mal Einer
+ Zehner mal Zehner + Zehnerüberschuß.

Tausender: Einer mal Tausender + Tausender mal Einer
+ Zehner mal Hunderter + Hunderter mal Zehner
+ Hunderterüberschuß.

Zehntausender: Zehner mal Tausender + Tausender mal
Zehner + Hunderter mal Hunderter + Tausenderüberschuß.

Hunderttausender: Hunderter mal Tausender + Tausender
mal Hunderter + Zehntausenderüberschuß.

Millionen: Tausender mal Tausender + Hunderttausenderüberschuß.

Man erkennt die symmetrische Anordnung. Um dieselbe noch deutlicher zu zeigen, will ich die Buchstaben ziffernmäßig anschreiben, und zwar, um Irrtümern vorzubeugen, jede Stelle von der anderen durch einen senkrechten Strich getrennt:

$a_3 | a_2 | a_1 | a_0$
$\downarrow$ Einer;
$b_3 | b_2 | b_1 | b_0$

$a_3 | a_2 | a_1 | a_0$
$\times$ Zehner;
$b_3 | b_2 | b_1 | b_0$

$a_3 | a_2 | a_1 | a_0$
$\searrow \downarrow \swarrow$ Hunderter;
$b_3 | b_2 | b_1 | b_0$

$a_3 | a_2 | a_1 | a_0$
$\bowtie$ Tausender;
$b_3 | b_2 | b_1 | b_0$

$a_3 | a_2 | a_1 | a_0$
$\times$ Zehntausender;
$b_3 | b_2 | b_1 | b_0$

$a_3 | a_2 | a_1 | a_0$
$\times$ Hunderttausender;
$b_3 | b_2 | b_1 | b_0$

$a_3 | a_2 | a_1 | a_0$
$\downarrow$ Millionen.
$b_3 | b_2 | b_1 | b_0$

Die praktische Durchführung dieser interessanten Multiplikation, die ein ganz brauchbares Übungsbeispiel für die Multiplikation von Polynomen abgibt, möge nun an einigen

Zahlenbeispiele. Das Quadrieren

Beispielen erläutert werden. Ich wähle zunächst 3stellige Faktoren:

$$\frac{326}{476}$$

$6 \cdot 6 = 36$; $3 + 12 + 42 = 57$; $5 + 18 + 24 + 14 = 61$;

$6 + 21 + 8 = 35$; $3 + 12 = 15$. Res.: 155176.

Natürlich führt man die ganze Rechnung im Kopf durch, schreibt die fettgedruckten Zahlen von rechts nach links hin, während man die danebenstehenden als Überschuß „im Sinne behält".

Ein Beispiel mit zwei 4stelligen Zahlen soll jetzt durchgeführt werden:

$$\frac{2529}{7565}$$

45; $4 + 10 + 54 = $ **68**; $6 + 25 + 45 + 12 = $ **88**;

$8 + 10 + 63 + 30 + 10 = $ **121**; $12 + 12 + 14 + 25 = $ **63**;

$6 + 10 + 35 = $ **51**; $5 + 14 = $ **19**; Res.: 19131885.

Wer die nötige Zeit und die nötige Energie darauf verwendet, kann es in diesem Verfahren zu einer außerordentlichen Fertigkeit bringen und schließlich auch bei 5- und mehrstelligen Faktoren das Resultat rasch und sicher hinschreiben. Sind die Faktoren von ungleicher Stellenzahl, so denkt man sich die fehlenden Stellen des kleineren Faktors durch Nullen ersetzt. Wenn die Faktoren nebeneinander stehen, wird die Ausführung der Multiplikation erschwert, da die symmetrische Anordnung fehlt. Der Rechenkünstler muß auch für diesen Fall gerüstet sein, andere Menschen können sich diese Übungen ersparen.

Wenn insbesondere die Faktoren gleich sind, so erhalten wir das Quadrat. An Stelle von $a_0 \cdot b_0$ erhalten wir a_0^2; $a_0 b_1 + a_1 b_0$ wird zu $2 a_0 a_1$ usw. Es entstehen also lauter Quadrate und doppelte Produkte. Beispiel:

$$7358^2 = 54140164$$

$8^2 = $ **64**; $6 + 80 = $ **86**; $8 + 48 + 25 = $ **81**; $8 + 112 + 30 = $ **150**;

$15 + 70 + 9 = $ **94**; $9 + 42 = $ **51**; $5 + 49 = $ **54**.

Dieses Quadrieren halte ich für recht wertvoll, da selbst der weniger Geübte nach diesem Verfahren rasch und sicher die Quadrate von bis zu 5 stelligen Zahlen berechnen kann. Außerdem ist es eine hübsche Illustration zu dem Satze: Ein Polynom wird quadriert, indem man die Summe aller möglichen Quadrate und aller möglichen doppelten Produkte bildet.

Soweit ist das Verfahren nicht neu, sondern es geht, wie schon erwähnt, in altersgraue Zeiten zurück. Nun wollen wir sehen, wie es Ferrol weitergebildet hat.

Vor allem hat er aus dem Multiplikationsverfahren ein neues Divisionsverfahren hergeleitet, das sich meines Wissens in der Literatur noch nicht vorfindet. Es beruht darauf, daß man die Stellen des Quotienten von links nach rechts zu bestimmen sucht und nach dem oben geschilderten Verfahren schrittweise ausmultipliziert, nur daß diese Multiplikation von links nach rechts erfolgt.

Beispiel: 23 038 047 : 7168.

I. 23 038 047
    ─────────
    7168
    ↓
    3          $7 \cdot 3 = 21$; Rest 2; 20.

II. 23 038 047
    ─────────
    7168
    ↓↓
    32         $20 - 3 \cdot 1 = 17$; 7 in 17 2mal, Rest 3; 33.

III. 23 038 047
     ─────────
     7168
     ↓↓↓
     321       $33 - 3 \cdot 6 - 2 \cdot 1 = 13$; 7 in 13 1mal,
               Rest 6; 68.

IV. 23 038 047
    ─────────
    7168
    ↓↓↓↓
    3214 $68 - 8 \cdot 3 - 1 \cdot 1 - 6 \cdot 2 = 31$; 7 in 31
               4mal, Rest 3; 30.

Wie Ferrol Quadratwurzeln zieht

V. 23038047
   7168
   ⚹
   3214   30 − 1 · 4 − 2 · 8 − 6 · 1 = 4; 44.

VI. 23038047
    7168
    ⚹
    3214   44 − 6 · 4 − 8 · 1 = 12; 127.

VII. 23038047
     7168
     ↓
     3214   127 − 8 · 4 = 95.

Resultat: 3214 Rest 95.

Bei hinreichender Übung kann man alle diese einzelnen Rechnungen rasch im Kopf ausführen und ohne weiteres den Quotienten hinschreiben.

Dann hat Ferrol seine Methode des Quadrierens umgekehrt und ein Verfahren zum Wurzelausziehen abgeleitet, und dieses Verfahrens wird er sich wohl auch bedienen, wenn er gelegentlich einmal eine Quadratwurzel auszuziehen hat. Ich habe an einer früheren Stelle ausgeführt, warum dieser Fall nicht allzu häufig vorkommt.

Zur Erläuterung dieses Verfahrens will ich auch ein Beispiel durchrechnen:

$$\sqrt{10\,745\,284} = 3278.$$

$10 = 3^2 + 1; 17.$

$17 : 6 = 2$, Rest 5; 54.

$54 − 2^2 = 50; 50 : 6 = 7$, Rest 8; 85.

$85 − 4 · 7 = 57; 57 : 6 = 8$, Rest 9; 92.

$92 − 4 · 8 − 7^2 = 11; 118.$

$118 − 14 · 8 = 6; 64.$

$64 − 8^2 = 0.$

Unvermeidlich ist nun bei diesem Wurzelausziehen, wie auch bereits bei der Division, daß man eine neue Stelle des Resultats zu hoch wählt, was ja bekanntlich auch beim gewöhnlichen Dividieren und Quadratwurzelausziehen, erst recht beim Kubikwurzelausziehen, vorkommt. Wie hilft sich da Ferrol? Er erfindet sogenannte „negative" Ziffern, so daß er ungestört weiter rechnen kann, wenn er auch einmal eine Ziffer um eine Einheit zu hoch gewählt hatte. In unserem obigen Zahlenbeispiel liegt die Versuchung nahe, statt 7 Zehner 8 zu wählen. Nachher zeigt sich, daß 8 zu groß ist. Das wird korrigiert, wenn man — 2 Einer dahinterschreibt. Das Minuszeichen setzt man über die Ziffer und erhält:

$$328\bar{2} = 3280 - 2 = 3278.$$

Freilich, der Gebrauch der negativen Ziffern ist nichts Neues. Wenn man die geschichtliche Entwickelung gewisser zahlentheoretischer Ergebnisse verfolgt, so stößt man hie und da auf Autoren, die negative Ziffern gebrauchen, um Sätze, die sich sonst nur wenig übersichtlich gestalten lassen, in geeignetere Formen zu gießen. Wie Lietzmann in seiner zitierten Besprechung der Arbeit über das Ferrolsche Rechenverfahren vermutet, geht der Gebrauch der negativen Ziffern auf Cauchy zurück.

Ich möchte hier ein Beispiel anführen, wo der Gebrauch negativer Ziffern zu derjenigen Lösung eines Problems führt, die sicherlich den Kern der Sache am besten trifft. Es handelt sich um das sogenannte Bachetsche Gewichtsproblem, d. h. die Aufgabe, welche Gewichtsstücke vorhanden sein müssen, damit man auf einer Wage jede ganze Zahl von Pfunden bis 40 wiegen könne, wenn es darauf ankommt, möglichst wenig solcher Gewichtsstücke zu haben. Dabei soll es erlaubt sein, beide Wagschalen zum Aufsetzen der Gewichte zu benutzen, so daß das eine oder andere Gewicht auch als Subtrahend auftreten kann. Es darf also jedes der Gewichte nur einmal als Summand, oder einmal als Subtrahend, oder gar nicht vorkommen; d. h. die Gewichte dürfen nur die Koeffizienten + 1, — 1 und 0 haben. Nun stellen wir uns die Frage: In welchem Zahlensystem treten nur die Ziffern 0, + 1 und — 1 auf? Da nur 3 Ziffern vorkommen, so kann nur das 3 teilige System in Betracht kommen, d. h.

das System, dessen Stellenwerte die aufeinanderfolgenden Potenzen von 3 sind, gerade so, wie dies in unserem dekadischen System die aufeinanderfolgenden Potenzen von 10 sind. In diesem 3 teiligen System haben wir aber die Ziffern 0, 1 und 2. Jedoch die Ziffer 2 können wir durch Einführung der Ziffer -1 vermeiden; denn es ist ja

$$2 \cdot 3^n = 3 \cdot 3^n - 1 \cdot 3^n = 1 \cdot 3^{n+1} - 1 \cdot 3^n,$$

d. h. statt einer 2 in der $(n+1)^{\text{ten}}$ Stelle setzt man eine 1 in die nächsthöhere Stelle und -1 in die Stelle, wo die 2 gestanden hat. Das Resultat ist also, daß man als Gewichte die Potenzen von 3, nämlich 1, 3, 9, 27 zu wählen hat, und man braucht jetzt nicht besonders zu beweisen, daß die verlangte Bedingung erfüllt ist; denn 40 heißt im 3teiligen Zahlensystem 1|1|1|1, und jede Zahl von 1 bis 40 ist in diesem System durch höchstens 4 Ziffern darstellbar, und endlich kann die Ziffer 2 mit Hilfe der Ziffer -1 vermieden werden.

Doch nun wieder zurück zu unserem eigentlichen Thema! Ich will unter nochmaligem Hinweis auf das Janckesche Werk erwähnen, daß Ferrol seine Methode auch noch weiterhin ausgebildet hat, um nach der sonst zum alten Eisen gelegten Longschen Methode Logarithmen zu berechnen, daß er quadratische und kubische Gleichungen mit unbequemen Koeffizienten löst usw., kurzum, daß er eine erstaunliche Vielseitigkeit entwickelt.

Der Leser möge nun die am Schluß des vorigen Abschnittes gestellte Frage entscheiden.

ANHANG

I. DIE NEUNER- UND ELFERPROBE

Wir haben uns im Verlaufe unserer Untersuchungen wiederholt dieser Proben bedient, und auf S. 3 habe ich auch ihre mathematische Begründung entwickelt. Für diejenigen, denen die Proben neu sind, folgen hier einige historische Angaben und elementare Anwendungen. Ich habe schon auf S. 6 im 1. Abschnitt den Satz bewiesen: Der Neunerrest eines Produkts ist gleich dem Neunerrest des Produkts der Neunerreste der beiden Faktoren. Die Neunerprobe auf eine Multiplikationsaufgabe wird demnach folgendermaßen gemacht: Man bestimmt die Neunerreste der Faktoren und des Resultats, multipliziert die beiden ersteren, bildet ihr Produkt, bestimmt davon den Neunerrest und vergleicht diesen mit dem Neunerrest des Resultats. Wenn keine Übereinstimmung besteht, dann ist das Resultat falsch. Wenn aber, wie man sagt, die Neunerprobe stimmt, dann ist entweder die Aufgabe richtig gelöst, oder der Fehler beträgt ein Vielfaches von 9.

Als Beispiele ziehe ich die beiden Multiplikationen des letzten Abschnittes heran.

$$\begin{array}{r} 326 \ \ 2 \\ 476 \ \ 8 \end{array} \Big\} 7.$$
$$\overline{155176 \ \ 7}$$

Rechts von den 3 Zahlen habe ich ihre Neunerreste geschrieben. $8 \cdot 2 = 16$ hat den Neunerrest 7, der mit dem Neunerrest des Resultats übereinstimmt; die Neunerprobe stimmt also.

Adam Riese benutzte bei der Neunerprobe die 4 Felder in einem Kreuz. Links und rechts schrieb er die Neunerreste der Faktoren, oben den Neunerrest des Produkts der Neuner-

Adam Riese und die Neunerprobe 41

reste, unten den Neunerrest des Resultats. Die Neunerprobe auf unser Beispiel würde also so aussehen:

Und wenn wir nun erfahren¹), daß Adam Riese das Zeichen

seinem Bildnis beidruckte, so erkennen wir, welche Wichtigkeit der große Rechenmeister dieser Probe beilegte.

Unser zweites Beispiel lautet:

$$\begin{array}{r} 2529 \quad 0 \\ 7565 \quad 5 \\ \hline 19\,131\,885 \quad 0 \end{array} \Big\} 0 \text{ oder}$$

Drittes Beispiel:

$$\underline{7358^2} \quad 5;\ 5;\ 7 \text{ oder}$$
$$54\,140\,164 \quad 7$$

Viertes Beispiel:

$$23\,038\,047 : 7168 = 3214,\ \text{Rest } 95.$$

Daraus folgt:

$$7168 \cdot 3214 + 95 = 23\,038\,047.$$
$$4 \quad1 \quad5 \quad0$$

Unter die Zahlen habe ich ihre Neunerreste geschrieben. Mit diesen führe ich nun die gleichen Operationen aus, wie mit den gegebenen Zahlen. $4 \cdot 1 + 5 = 9$, Neunerrest 0. Der Neunerrest der rechten Seite ist ebenfalls 0, die Neunerprobe stimmt. Man kann also die Regel kurz so fassen: Die Neunerprobe auf die Lösung einer Divisionsaufgabe wird gemacht, indem man die Neunerprobe auf die Divisionsprobe anwendet.

Ich sagte vorhin schon, daß das Stimmen der Neunerprobe noch kein sicheres Zeichen für die Richtigkeit der Lösung

---
1) Lietzmann, Stoff und Methode des Rechenunterrichts in Deutschland. S. 59.

ist. Wenn der Fehler ein Vielfaches von 9 ist, wird er natürlich durch die Neunerprobe nicht aufgedeckt. Unter den Fehlern von 1 bis 100 sind 11 Vielfache von 9, also beträgt die Wahrscheinlichkeit, daß die Aufgabe falsch gelöst ist, trotzdem die Neunerprobe stimmt, 11%, die Wahrscheinlichkeit, daß sie richtig gelöst ist, 89%.

Nun wollen wir auf die nämlichen Aufgaben auch die Elferprobe anwenden, deren Begründung sich ebenfalls auf S. 3 findet.

$$\begin{array}{r} 336 \quad 7 \\ 476 \quad 3 \end{array} \bigg\} 10.$$

$$\overline{155\,176 \quad 10}$$

$$\begin{array}{r} 2529 \quad 10 \\ 7565 \quad 8 \end{array} \bigg\} 3.$$

$$\overline{19\,131\,885 \quad 3}$$

$$\begin{array}{r} 7358^2 \quad 10 \\ 10 \end{array} \bigg\} 1.$$

$$\overline{54\,140\,164 \quad 1}$$

$$23\,038\,047 : 7168 = 3214, \text{ Rest } 95$$

oder

$$7168 \cdot 3214 + 95 = 23\,038\,047.$$
$$7 2 7 10$$

$7 \cdot 2 + 7 = 21$, Elferrest 10, wie beim Resultat.

Wenn die Elferprobe nicht stimmt, so ist wiederum zweifellos die Lösung falsch; stimmt sie, so ist entweder die Aufgabe richtig gelöst, oder der Fehler beträgt ein Vielfaches von 11. Unter den Fehlern im Betrag von 1 bis 100 sind 9 Vielfache von 11, also beträgt die Wahrscheinlichkeit, daß die Aufgabe falsch gelöst ist, trotzdem die Elferprobe stimmt, 9%, die Wahrscheinlichkeit, daß sie richtig gelöst ist, 91%.

Wenn beide Proben stimmen, so ist entweder die Aufgabe richtig gelöst, oder der Fehler beträgt ein Vielfaches von 99. Unter den Fehlern von 1 bis 100 tritt nur ein Vielfaches von 99 auf, also beträgt die Wahrscheinlichkeit, daß die Aufgabe falsch gelöst ist, trotzdem Neuner- und Elferprobe stimmen, nur noch 1 %; die Wahrscheinlichkeit, daß sie richtig gelöst ist, 99 %.

Während diese Dinge seit Jahrhunderten bekannt sind und nur gegenwärtig eine unverdiente Vernachlässigung erfahren, gibt es eine andere Anwendung der Neunerprobe, die, wie ich glaube, weniger allgemein bekannt ist. Es ist die Anwendung der Neunerprobe auf einen Sonderfall des großen Fermatschen Problems, nämlich auf den Satz: $a^3 + b^3 = c^3$ ist niemals ganzzahlig erfüllbar. Wenn es drei solche Zahlen a, b, c gäbe, so könnten a^3, b^3, c^3 keine anderen Neunerreste als 0, 1 und 8 haben (siehe S. 19).

a, b, c sind als teilerfremd vorausgesetzt, eine Forderung, die durch geeignete Division stets erfüllbar ist. Demnach ist die Möglichkeit ausgeschlossen, daß a^3, b^3, und c^3 gleichzeitig den Neunerrest 0 haben. Wir wollen nun verlangen, keine dieser drei Größen habe den Neunerrest 0. Dann wären nur die folgenden 4 Fälle denkbar:

1. a^3 hat den Neunerrest 1, b^3 auch, dann hätte c^3 den Neunerrest 2, was unmöglich ist.

2. a^3 hat den Neunerrest 1, b^3 den Neunerrest 8, dann hätte c^3 den Neunerrest 0, was unserer Annahme widerspricht.

3. a^3 hat den Neunerrest 8, b^3 den Neunerrest 1, dann hätte c^3 den Neunerrest 0, was wiederum unserer Annahme widerspricht.

4. a^3 hat den Neunerrest 8, b^3 ebenfalls, dann hätte c^3 den Neunerrest 7, was unmöglich ist.

Daraus folgt: Die Forderung, 3 ganze Zahlen a, b, c zu finden, derart, daß $a^3 + b^3 = c^3$ ist, ist unerfüllbar, wenn keine der drei Zahlen durch 3 teilbar sein darf.

Damit ist natürlich das Problem für $n = 3$ noch lange nicht gelöst, es ist nur ein Hauptfall ausgeschaltet, und man hat sich nun noch mit dem 2. Hauptfall zu beschäftigen, daß eine der drei Zahlen durch 3 teilbar ist. Durch weitere Anwendung der Neunerprobe, auf die ich aber hier nicht näher eingehen will, kann man zeigen, daß die eine Zahl nicht bloß durch 3, sondern sogar durch 9 teilbar sein muß.

Das Ergebnis ist ein Spezialfall eines allgemeineren Satzes, der nicht etwa neu ist, sondern sich bereits bei Legendre findet.

II. DER KLEINE FERMATSCHE SATZ

Ich habe an verschiedenen Stellen hervorgehoben, daß gewisse Kunstgriffe, deren sich die Rechenkünstler bedienen, ihre tiefere Begründung in dem kleinen Fermatschen Satze finden. Vielleicht komme ich einem Wunsche vieler meiner Leser entgegen, wenn ich diesem Satze einen kleinen Abschnitt widme, wenn ich ihn möglichst elementar beweise und dann noch einige Anwendungen davon mache.

Der Satz lautet: Wenn p eine Primzahl ist und a irgendeine ganze Zahl (nur kein Vielfaches von p), so läßt a^{p-1}, durch p geteilt, den Rest 1. Oder auch so: $a^p - a$ ist durch p teilbar. In dieser Form gilt der Satz auch dann, wenn a ein Vielfaches von p ist.

Beweis: Nach dem binomischen Lehrsatze ist:

$$(a+1)^p = a^p + p \cdot a^{p-1} + \frac{p(p-1)}{1 \cdot 2} \cdot a^{p-2}$$
$$+ \frac{p(p-1)(p-2)}{1 \cdot 2 \cdot 3} + \cdots + p \cdot a + 1.$$

Alle Glieder der rechten Seite, außer dem ersten und dem letzten, sind durch p teilbar; denn p ist eine Primzahl, kann also durch keine Faktoren des Nenners fortgehoben werden, da die letzteren nur bis $p-1$ aufsteigen.

$(a+1)^p$ läßt also, durch p geteilt, denselben Rest, wie $a^p + 1$, oder:

Die p^{te} Potenz einer um 1 größeren Zahl läßt, durch p geteilt, einen um 1 größeren Rest als die ursprüngliche Zahl.

Gehen wir nun von $a = 1$ aus, so ergibt sich:

1^p läßt, durch p geteilt, selbstverständlich den Rest 1;
2^p „ „ „ „ den um 1 größeren „ 2;
3^p „ „ „ „ „ „ „ „ „ 3;
4^p „ „ „ „ „ „ „ „ „ 4.

Für jede folgende Zahl läßt also die p^{te} Potenz einen um 1 größeren Rest, also folgt unsere Behauptung, und zwar in der Form:

a^p läßt, durch p geteilt, den Rest a, oder
$a^p - a$ „ „ „ „ „ 0, oder
$a(a^{p-1} - 1)$ „ „ „ „ „ „ 0.

Ist a ein Vielfaches von p, so ist dieser Satz etwas Selbstverständliches; anderenfalls muß der zweite Faktor durch p teilbar sein, und so erhalten wir den Satz in der zuerst ausgesprochenen Form.

Wählen wir nun eine Primzahl p als Grundzahl eines Zahlensystems, derart, daß die Stellenwerte nach Potenzen dieser Primzahl fortschreiten, so muß nach dem eben bewiesenen Satze die $(p-1)^{te}$ Potenz jeder Zahl, die nicht ein Vielfaches von p ist, in diesem System auf die Ziffer 1 endigen, und jede p^{te} Potenz muß ausnahmslos auf dieselbe Ziffer endigen, wie ihre Grundzahl.

Die Basis unseres Zahlensystems, die Zahl 10, ist das Doppelte einer Primzahl. Nach dem Fermatschen Satze muß a^4, durch 5 geteilt, den Rest 1 lassen, also durch 10 geteilt, entweder den Rest 1 oder den Rest 6. Die 4. Potenzen der ungeraden Zahlen endigen also auf 1, die der geraden auf 6, und die 5. Potenzen endigen ohne Ausnahme auf dieselbe Ziffer, wie die Grundzahl. Damit ist der auf S. 21 ausgesprochene Satz bewiesen: Die 1., 5., 9., ... $(4n+1)^{te}$ Potenz endigen auf die nämliche Ziffer. Daß die 3., 7., 11., ... $(4n+3)^{te}$ Potenz auch auf die gleiche Ziffer endigen, kann hieraus leicht gefolgert werden, und überhaupt braucht man ja eigentlich zum Beweis dieser Sätze gar nicht unbedingt den kleinen Fermatschen Satz heranzuziehen; die Herstellung einer Tabelle reicht vollständig aus. Ich habe diese Beweisführung nur gewählt, um dem Leser einen Einblick in den tieferen Grund dieser Eigenschaften zu verschaffen, die natürlicherweise längst bekannt sind.

Damit der Leser sich noch mehr mit dem hübschen Satz vertraut macht, will ich ihm jetzt eine besonders interessante Anwendung darbieten.

Das Ergebnis ist, wie ich gleich im Voraus bemerken will, nichts Neues, sondern es findet sich schon in Legendres „Théorie des nombres". Es scheint aber zuerst von Lamé gefunden worden zu sein, wie Cauchy beiläufig bei der Besprechung einer zahlentheoretischen Arbeit Lamés erwähnt. Es handelt sich um das große Fermatsche Problem, das ja neuerdings im Vordergrunde des Interesses steht, und von dem wir vorhin bereits einen Spezialfall teilweise behandelt haben.

Ein vermeintlicher Beweis des großen Fermatschen Problems

Wir nehmen an, die Gleichung

$$a^n + b^n = c^n$$

sei ganzzahlig erfüllbar, wobei n eine Primzahl sein möge und a, b, c teilerfremd. $2n + 1$ sei ebenfalls eine Primzahl. Dann haben nach dem kleinen Fermatschen Satz a^{2n}, b^{2n}, c^{2n}, durch $2n + 1$ geteilt, die Reste 0 oder 1, folglich a^n, b^n, c^n die Reste 0, $+1$ und -1.

Wie man nun durch Betrachtungen, die wir auch bei der Anwendung der Neunerprobe auf S. 43 angestellt haben, leicht nachweisen kann, ist die Gleichung $a^n + b^n = c^n$ nicht erfüllbar, wenn nicht eine der 3 Zahlen durch $2n + 1$ ohne Rest teilbar ist. Es ergibt sich also der Satz:

Wenn für eine Primzahl n die Gleichung $a^n + b^n = c^n$ (a, b, c ganzzahlig und teilerfremd) erfüllbar wäre, so müßte eine der drei Zahlen a, b, c durch $2n + 1$ teilbar sein, falls $2n + 1$ auch eine Primzahl ist. Deswegen ist ja auch stets eine der Pythagoreischen Zahlen durch 5 teilbar, und da $1 \cdot 2 + 1 = 3$ eine Primzahl ist, und a^2, b^2, c^2, durch 3 geteilt, nur die Reste 0 oder 1 lassen, so gilt außerdem der Satz, daß stets eine der Zahlen eines Pythagoreischen Tripels durch 3 teilbar sein muß.

Die weitere Untersuchung, die ich hier nicht ausführen will, hat ergeben, daß dieselbe Schlußfolgerung gilt für $4n + 1$, falls es Primzahl ist, ferner, unter der gleichen Voraussetzung auch für $8n + 1$, $16n + 1$. Für $n = 3$ müßte also eine der Zahlen a, b, c teilbar sein durch $2 \cdot 3 + 1 = 7$, eine durch $4 \cdot 3 + 1 = 13$; für $n = 5$ müßte eine der Zahlen teilbar sein durch 11, eine durch 41; für $n = 7$ eine durch 29, eine durch 113 usw.

Nun wurde in den ersten Jahrzehnten des 19. Jahrhunderts schon einmal ein heftiger Ansturm gegen das große Fermatsche Problem gemacht, nur mit dem Unterschied, daß dieser Ansturm dem Problem selbst galt, während er jetzt meistens gegen die 100000 Mark gerichtet ist, die als Siegespreis winken.

In jener Zeit wurde nun zur Lösung des Problems u. a. auch wiederholt der folgende Weg eingeschlagen:

Eine der drei Zahlen ist stets teilbar durch $2n + 1$, $4n + 1$, $8n + 1$, $16n + 1$, falls der betreffende Ausdruck eine Primzahl darstellt; aber das geht noch weiter. Denn eine der drei Zahlen muß auch stets teilbar sein durch $32n+1$, $64n+1$, $128n+1$, ... $2^m \cdot n+1$, sofern nur die betreffende Zahl eine Primzahl ist. Da diese Zahlengruppe kein Ende hat, so findet sich unter ihren Gliedern eine endlose Menge von Primzahlen, die alsdann Faktoren von a, b oder c sein müssen. Also geht die Zahl und die Größe der Primfaktoren von a, b und c über alle Grenzen hinaus, es gibt daher im Endlichen keine Zahlen a, b, c, die die obige Bedingung erfüllen, und damit ist anscheinend das berühmte Problem gelöst.

Aber selbst wenn der Nachweis erbracht wäre, daß es unendlich viele Primzahlen von der Form $2^m \cdot n+1$ gibt, so wäre doch immerhin noch zu beweisen, daß der für $2n+1$ bis $16n+1$ gültige Satz auch für $32n+1$, $64n+1$, $128n+1$, ... gilt. Das ist leider nicht der Fall. Schon für $32n+1$ hört die Gültigkeit auf, was man am bequemsten an dem Beispiel $32 \cdot 3 + 1 = 97$ studieren kann.

Warum haben jene Mathematiker das nicht getan? Warum haben sie sich lieber abgequält, bis sie einen vermeintlichen Beweis dafür hatten, daß alle Primzahlen von der Form $2^m \cdot n + 1$ Teiler von a, b, c sein müßten?

Die Antwort hat eigentlich wieder der Psychologe zu geben. Denn es handelt sich um die Erklärung der auffallenden Erscheinung, daß viele recht tüchtige Mathematiker eine seltsame Scheu vor der Ausrechnung von Zahlenbeispielen haben, namentlich wenn die Rechnung etwas verwickelt oder langwierig ist. Ein Psychologe aus meinem Bekanntenkreise hat schon wiederholt, wenn auch halb im Scherz, den Ausspruch getan: „Wenn man eine Rechnung richtig ausgeführt haben will, darf man ja keinen Mathematiker damit beauftragen". Herr Lietzmann hatte die Freundlichkeit, mir dieser Tage eine Korrekturfahne einer im Druck befindlichen Abhandlung von D. Katz: „Psychologie und mathematischer Unterricht" zuzusenden. Aus dieser zitiere ich den Satz: „Es soll wissenschaftlich bedeutende Mathematiker geben, die doch in den mehr mechanisch auszuführenden rechnerischen Leistungen nicht sehr glänzen". Diese Erscheinung betrachtet er — und ich bin ganz derselben Ansicht — als ein Gegenstück zu den Rechenkünstlern, die ich der Gruppe I (mechanische Rechner) zugewiesen habe, und die vielfach nur über einen recht geringen Grad von Intelligenz verfügen.

Das schließt natürlich nicht aus, daß es auch bemerkenswerte Ausnahmen gibt. Es hat geniale Mathematiker gegeben, die gleichzeitig vorzügliche Rechner waren infolge eines geradezu phänomenalen Zahlengedächtnisses (Beispiele: Euler und Gordan). Es gibt aber auch Rechenkünstler, die gleichzeitig in der Mathematik ihren Mann stellen. Und zwar will ich hier nur solche aufzählen, die ein wirkliches Zahlengedächtnis besitzen und nicht, wie z. B. Ferrol, die Zahlen durch mnemotechnische Künste sich einprägen: Dahse und Rückle.

Dahse gehört der Vergangenheit an, Rückle der Gegenwart. Über seine Leistungen findet man Näheres in dem vorhin zitierten Werke von Katz, der sich seinerseits wieder auf ein Werk von Georg Elias Müller stützt.

SCHLUSSBETRACHTUNG

Ich habe an einzelnen Stellen darauf hingewiesen, daß diese oder jene Aufgabe sich gut für den Unterricht eigne. Damit will ich beileibe nicht die Forderung aufstellen, daß alles, was ich in dem vorliegenden Werkchen dargeboten habe, auch notwendigerweise im Unterricht behandelt werden müsse. Der mathematische Unterricht hat durchaus nicht das Ziel, Rechenkünstler heranzubilden.

Wenn aber hie und da einmal ein Beispiel bei passender Gelegenheit behandelt wird, um den Schülern die Augen zu öffnen, damit sie einen Trick als solchen erkennen und nicht die darauf beruhende Leistung mit dem Nimbus des Übernatürlichen umgeben, dann trägt dies sicher auch ein wenig bei zur Belebung und Förderung des mathematischen Unterrichts.

Verlag von B. G. Teubner in Leipzig und Berlin

Dr. W. Ahrens:

Mathemat. Unterhaltungen und Spiele

2., vermehrte u. verbess. Auflage. In 2 Bänden. 1910. In Leinw. geb. I. Band. Mit 209 Figuren. ℳ 7.50. II. Band. [In Vorbereitung.] Kleine Ausg.: **Mathematische Spiele.** 170. Bändchen der Sammlung wissenschaftl.-gemeinverständl. Darstell. „**Aus Natur und Geisteswelt**". 2. Aufl. Mit einem Titelbild u. 69 Fig. 1911. In Leinw. geb. ℳ 1.25.

„Eine solche mit Sachkenntnis und mit wohltuender Eleganz geschriebene Darstellung dieser eigentümlichen Materie darf sowohl bei dem Mathematiker als auch bei dem Laien auf Interesse zählen, der sich gern mit Zahlen und geometrischen Figuren abgibt, weil ihm ihre schönen und oft merkwürdigen Eigenschaften Vergnügen, gewiß ein Vergnügen der reinsten Art, bereiten. Sie darf des Interesses insbesondere dann sicher sein, wenn sie mit solcher Sachkenntnis gearbeitet und mit wohltuender Eleganz geschrieben ist wie die vorliegende. Dem wissenschaftlichen Interesse wird der Verfasser gerecht, indem er durch die sorgfältig zusammengetragene Literatur und durch Einschaltungen mathematischen Inhalts die Beziehungen zur Wissenschaft herstellt; dem Nichtmathematiker kommt er durch die trefflichen Erläuterungen entgegen, die er der Lösung der verschiedenen Spiele zuteil werden läßt, und die er, wo nur irgend nötig, durch Schemata, Figuren und dergleichen unterstützt.

Das Buch bietet sehr viel des Anregenden und Unterhaltenden, aber auch des Belehrenden. Ein 330 Nummern umfassender, chronologisch geordneter ‚Index' gibt die Literatur des Gegenstandes, und ein ausführliches Sach- und Namenregister erleichtert die Orientierung in dem Buch, das hiermit auf das beste empfohlen sei." (Prof. Czuber in der Zeitschrift f. d. Realschulwesen.)

„Das Studium des hübschen Buches ist ein hoher Genuß. Man liest nicht nur, nein, man versucht auch die einzelnen Spiele und freut sich, von dem Verfasser in die höheren Geheimnisse ihrer Technik und Theorie eingeweiht zu sein.... Wer in das kleine Bändchen einmal hineingeschaut hat, legt es nicht mehr aus der Hand, ohne von dem gebotenen Stoffe entzückt zu sein." (Südwestdeutsche Schulblätter.)

Scherz und Ernst in der Mathematik
Geflügelte und ungeflügelte Worte
gr. 8. 1904. In Leinwand geb. ℳ 8.—

„Ein ‚Büchmann' für das Spezialgebiet der mathematischen Literatur.... Manch ein kurzes treffendes Wort verbreitet Licht über das Streben der in der mathematischen Wissenschaft führenden Geister. Hierdurch aber wird das sorgfältig bearbeitete Ahrenssche Werk eine zuverlässige Quelle nicht allein der Unterhaltung, sondern auch der Belehrung über Wesen, Zweck, Aufgabe und Geschichte der Mathematik." (J. Norrenberg in der Monatsschrift für höhere Schulen.)

„... Ich kann mir nicht anders denken, als daß dieses Buch jedem Mathematiker eine wahre Freude bereiten wird. Es ist zwar keineswegs bestimmt und auch nicht geeignet, in einem Zuge durchgelesen zu werden, und doch, als ich es zum ersten Male in die Hände bekam, konnte ich mich gar nicht wieder davon losreißen, und seit ich es unter meinen Büchern stehen habe, ziehe ich es gar oft hervor, um darin zu blättern." (Friedrich Engel im Literarischen Zentralblatt.)

Verlag von B. G. Teubner in Leipzig und Berlin

Mathematische Experimentiermappe
für den geometrischen Anfangsunterricht
Von Professor Dr. G. Noodt
Oberlehrer an der Hecker-Realschule zu Berlin

9 Tafeln mit vorgezeichneten Figuren mathematischer Modelle, Werkzeug und Material zur Herstellung sowie erläuternder Leitfaden. Als Muster wird jeder Mappe ein fertiges Modell beigelegt. 1912. Preis in geschmackvollem Karton ℳ 4.—

Das neue Unterhaltungs- und Bildungsmittel für Knaben bietet eine Anleitung zur selbsttätigen Herstellung von großenteils neuen mathematischen Modellen und das hierzu erforderliche Material und Werkzeug und will sich, gemäß den modernen Reformbestrebungen auf dem Gebiete des mathematischen Unterrichts, in den Dienst einer intensiven Ausbildung des Anschauungsvermögens stellen. Denn gerade die S e l b s t t ä t i g k e i t der Schüler ist in hohem Grade geeignet, sie in frühester Jugend zum funktionalen Denken allmählich zu erziehen, indem man die Starrheit der geometrischen Gebilde aufgibt und die „Stücke" durch Bewegung von Punkten, Drehen von Strecken usf. als voneinander abhängig erkennen läßt.

Das chinesisch-japanische Go-Spiel
Eine systematische Darstellung und Anleitung zum Spielen desselben
Von L. Pfaundler
Professor der Physik an der Universität Graz

Mit zahlr. erklärenden Abbild. 8. 1908. In Leinwand geb. ℳ 3.—

Das Go-Spiel ist das älteste aller Brettspiele und erscheint dem Schach an Geist völlig ebenbürtig. Nachdem wir in der Einleitung die mindestens 3500jährige Geschichte des Spieles kennen gelernt haben, entwickelt der Verfasser die einfachen Spielregeln an der Hand zahlreicher Figuren und Beispiele und bringt als Muster japanische Originalpartien und Probleme mit ihren Lösungen bei. In der zweiten Abteilung sucht er auf Grund eigener Studien durch präzisere Fassung der maßgebenden Begriffe tiefer in die Kombinationen des Spieles einzudringen und den Anfänger durch eine gründliche Darstellung der sicheren und der verlorenen Stellungen, der Ausnutzung der Go-Stellung, der Spielfallen und der wichtigsten Vorsichtsmaßregeln in der Durchführung des Spieles zu unterrichten.

Die Elemente der Mathematik

Von Émile Borel	Deutsche Ausg. v. Paul Stäckel
Professor an der Sorbonne zu Paris	Professor an der Universität Heidelberg

In 2 Bänden. gr. 8. In Leinwand geb.

I. Band: Arithmetik und Algebra. Mit 57 Figuren und 3 Tafeln. 1908. ℳ 8.60.
II. Band: Geometrie. Mit 403 Figuren. 1909. ℳ 6.40.
Ergebnisse dazu, bearb. von P. Stäckel und H. Beck. 2 Hefte. 1913. Geh. je ℳ 1.50.

„..Die besten Dienste wird das Buch jener immer zahlreicher werdenden ‚Kategorie der Nichtmathematiker' leisten, die sich in vorgerückten Jahren genötigt sehen, auf die lange beiseite geschobene Mathematik zurückzugreifen.... Die überaus klaren, durch Beispiele aus dem täglichen Leben erläuterten Ausführungen und, fügen wir hinzu, die wohltuend einfache, konkrete, aber dennoch peinlich korrekte Darstellung werden die halb vergessenen Schulkenntnisse neu beleben, konzentrieren und so weit ergänzen, daß selbst der Weg zu dem ‚Gipfel der Differential- und Integralrechnung kaum erhebliche Schwierigkeiten mehr bietet'."
(Pädagogische Zeitung.)

Verlag von B. G. Teubner in Leipzig und Berlin

Prof. Dr. Bastian Schmids
Naturwissenschaftliche Schülerbibliothek
8. Mit zahlreichen Abbildungen. In Leinwand gebunden.

„Die Bändchen dieser Sammlung gehören zu den allerbesten Erscheinungen unserer überreichen Jugendliteratur, da sie nicht planlos irgend etwas der Jugend Verständliches bieten, sondern planvoll an den Unterricht in der Schule anknüpfen und darauf aufbauend den Schüler zur eigenen Erarbeitung eines ihn interessierenden Gebietes anregen und anleiten." (Augsburger Abendzeitung.)

Physikalisches Experimentierbuch. Von H. Rebenstorff. 2 Teile. I. Für jüngere und mittlere Schüler. M. 3.—. II. Für mittlere und reife Schüler. M. 3.—

An der See. Für mittlere und reife Schüler. Von P. Dahms. M. 3.—

Große Physiker. Für reife Schüler. Von H. Keferstein. M. 3.—

Himmelsbeobachtung mit bloßem Auge. Für reife Schüler. Von F. Rusch. M. 3.50.

Geologisches Wanderbuch. Für mittlere und reife Schüler. Von K. G. Volf. 2 Teile I. Teil. M. 4.—. [II. Teil in Vorbereitung.]

Küstenwanderungen. Für mittlere und reife Schüler. Von V. Franz. M. 3.—

Anleitung zu photographischen Naturaufnahmen. Für mittlere und reife Schüler. Von G. E. F. Schulz. M. 3.—

Die Luftschiffahrt. Für reife Schüler. Von R. Nimführ. M. 3.—

Vom Einbaum zum Linienschiff. Von K. Radunz. Für mittl. u. reife Schüler. M. 3.—

Vegetationsschilderungen. Von P. Graebner. Für mittlere und reife Schüler. M. 3.—

An der Werkbank. Von E. Gscheidlen. Für mittlere u. reife Schüler. 4. M. 4.—

Chemisches Experimentierbuch. Von Karl Scheid. 2 Teile. I. Für mittlere Schüler. 3. Aufl. M. 3.—. [II. In Vorbereitung.]

Unsere Frühlingspflanzen. Von F. Höck. Für mittlere und reife Schüler. M. 3.—

Aus dem Luftmeer. Von M. Sassenfeld. Für mittlere und reife Schüler. M. 3.—

Biologisches Experimentierbuch. V. C. Schäffer. Für mittl. u. reife Schüler. M. 4.—

Physikalische Plaudereien für die Jugend. Von L. Wunder. Für 10—14 jährige Schüler aller Schulgattungen. Steif geh. M. 1.—

Hervorragende Leistungen der Technik. Von K. Schreber. Für reife Schüler. 2 Teile. I. Teil. M. 3.—

Chemische Plaudereien für die Jugend. Von L. Wunder. Für 10—14 jährige Schüler aller Schulgattungen. Steif geh. M. 1.—

In Vorbereitung befinden sich:

Das Leben in Teich und Fluß. Von Professor Dr. Reinhold von Hanstein in Berlin-Groß-Lichterfelde.

Schmetterlingsbuch. Von Oberstudienrat Prof. Dr. L. Lampert in Stuttgart.

Chemie und Großindustrie. Von Prof. Dr. E. Löwenhardt in Halle a. S.

Große Ingenieure. Von Privatdozent C. Matschoß in Berlin.

Große Chemiker. Von Professor Dr. O. Ohmann in Berlin.

Große Biologen. Von Prof. Dr. W. May in Karlsruhe.

Infektionsbiologie. Von Professor Dr. Chr. Schröder in Berlin.

Körper- und Geistespflege. Von Dr. med. Siebert in München.

Das Leben unserer Vögel. Von Dr. Johann Thienemann, Leiter der Vogelwarte Rositten.

Aquarium und Terrarium. Von Prof. Dr. F. Urban in Plan.

Ausführl. illustr. Prospekt umsonst und postfrei vom Verlag

Verlag von B. G. Teubner in Leipzig und Berlin

Aus Natur und Geisteswelt
Jeder Band geh. M. 1.—, in Leinwand geb. M. 1.25

Mathematik — Astronomie.

Naturwissenschaften und Mathematik im klassischen Altertum. Von Prof. Dr. Joh. L. Heiberg. (Bd. 370.)

Arithmetik und Algebra zum Selbstunterricht. Von Prof. Dr. P. Crantz. In 2 Bänden. Mit zahlr. Fig. (Bd. 120, 205.) I. Teil: Die Rechnungsarten. Gleichungen ersten Grades mit einer und mehreren Unbekannten. Gleichungen zweiten Grades. 2. Auflage. Mit 9 Fig. (Bd. 120.) II. Teil: Gleichungen. Arithmetische und geometrische Reihen. Zinseszins- u. Rentenrechnung. Komplexe Zahlen. Binomischer Lehrsatz. 3. Auflage. Mit 23 Figuren. (Bd. 205.)

Planimetrie zum Selbstunterricht. Von Prof. Dr. P. Crantz. Mit 99 Fig. (Bd. 340.)

Trigonometrie zum Selbstunterricht. Von Prof. Dr. P. Crantz. Mit Fig. (Bd. 431.)

Praktische Mathematik. Von Dr. R. Neuendorff. I. Teil: Graphisches u. numerisches Rechnen. Mit 62 Fig. u. 1 Tafel. (Bd. 341.)

Maße und Messen. Von Dr. W. Block. Mit 34 Abb. (Bd. 385.)

Einführung in die Infinitesimalrechnung mit einer histor. Übersicht. Von Prof. Dr. G. Kowalewski. 2. Aufl. Mit 18 Fig. (Bd. 197.)

Differential- u. Integralrechnung. Von Dr. M. Lindow. (Bd. 387.)

Das Schachspiel und seine strategischen Prinzipien. Von Dr. M. Lange. Mit den Bildnissen E. Laskers u. P. Morphys, 1 Schachbretttafel und 43 Darstellungen von Übungsspielen. (Bd. 281.)

Der Bau des Weltalls. Von Prof. Dr. J. Scheiner. 4. Aufl. Mit 26 Fig. (Bd. 24.)

Das astronomische Weltbild im Wandel der Zeit. Von Prof. Dr. S. Oppenheim. 2. Aufl. Mit 24 Abb. (Bd. 110.)

Entstehung der Welt und der Erde nach Sage und Wissenschaft. Von Prof. Dr. B. Weinstein. 2. Aufl. (Bd. 223.)

Probleme der modernen Astronomie. Von Prof. Dr. S. Oppenheim. (Bd. 355.)

Die Sonne. Von Dr. A. Krause. Mit zahlr. Abb. (Bd. 357.)

Der Mond. Von Prof. Dr. J. Franz. Mit 31 Abb. (Bd. 90.)

Die Planeten. Von Prof. Dr. B. Peter. Mit 18 Fig. (Bd. 240.)

Astronomie in ihrer Bedeutung für das praktische Leben. Von Prof. Dr. A. Marcuse. Mit 26 Abb. (Bd. 378.)

MIX
Papier aus verantwortungsvollen Quellen
Paper from responsible sources
FSC® C105338

If you have any concerns about our products,
you can contact us on
ProductSafety@springernature.com

In case Publisher is established outside the EU,
the EU authorized representative is:
**Springer Nature Customer Service Center GmbH
Europaplatz 3, 69115 Heidelberg, Germany**

Printed by Libri Plureos GmbH
in Hamburg, Germany